Matthias Dietrich
Tierversuche verbieten?

Matthias Dietrich

Tierversuche verbieten?

Reihe
Gute Argumente

Eryn Verlag

Das Werk, einschließlich seiner Teile, ist urheberrechtlich geschützt. Jede Verwertung ist ohne Zustimmung des Verlages unzulässig. Dies gilt insbesondere für die elektronische oder sonstige Vervielfältigung, Übersetzung, Verbreitung und öffentliche Zugänglichmachung.

1. Auflage 2017

Copyright © 2017 Eryn Verlag UG (haftungsbeschränkt), Ingolstadt
Lektorat und Umschlaggestaltung: Christian Tischler
Coverabbildung: © fotofreaks - stock.adobe.com
Druck: Frick Kreativbüro & Onlinedruckerei e.K., Krumbach

ISBN: 978-3-946962-06-9

www.eryn-verlag.de

Inhaltsverzeichnis

Vorwort ... 7
Der Mensch ist keine Maus ... 9

Geschichte
Das Streben nach naturwissenschaftlicher Erkenntnis - erste Tierversuche in Antike und früher Neuzeit ... 15
Die Anfänge der modernen Impfung ... 22

Ethik
„Und machet sie euch untertan" - Biblisch-theologische Aspekte ... 31
Gefühlloses Wesen oder Mitgeschöpf? - Unterschiedliche Einstellungen zum Tier ... 40

Recht und Wirtschaft
Genehmigungsverfahren für Tierversuche in Deutschland ... 53
Vermeiden, vermindern und verbessern: Das 3R - Prinzip als Grundlage der Tierversuche ... 57
Die Umsetzung der Tierversuchsrichtlinie von 2010 ... 65
Versuchstiere in Deutschland ... 72
Tierversuche für Kosmetika ... 76
Tierversuche: Auf den Menschen übertragbar? ... 88
Xenotransplantation ... 97

Alternativen
Studium und Ausbildung ohne Tierversuche - möglich und sinnvoll? ... 107
Hirnforschung an Affen ... 114
Krebsforschung ohne Tierversuche - ein schwieriges Unterfangen ... 126
Tierversuchsfreie Prüfung der Giftigkeit ... 137
Zulassung neuer Testmethoden für Impfstoffe - europaweit geregelt ... 155

Fischversuche zum Schutz der Fischbestände und zur
Sicherung der Welternährung ... 164
Alternativmethoden im WWW ... 172

Blick ins Ausland
Einsatz für Lehrmethoden ohne Tierleid in Osteuropa ... 177

Fazit

Aus Parteien und Verbänden
Programmaussagen von Parteien und Verbänden zu
Tierversuchen ... 187
Parlamentarische Arbeit ... 195
Danksagung ... 199

Vorwort

Im Frühjahr 2017 meldete die Presse, dass das Tübinger Max-Planck-Institut für biologische Kybernetik seine Affenversuche beendet habe. Die Resonanz, die das Ende der Affenversuche in den Zeitungen fand, verdeutlicht dessen Tragweite: Viele Jahre hatte in Tübingen und darüber hinaus eine heftige Kontroverse um die Affenversuche getobt. Was die Tierschützer/innen für grausame Quälerei für eine nutzlose Grundlagenforschung hielten, die in erster Linie der Profilierungssucht der Wissenschaftlerinnen und Wissenschaftler diene, wurde von diesen als unerlässliche Grundlage für neue Erkenntnisse in der Hirnforschung verteidigt. Dass das Institut seine Affenversuche schließlich einstellte, geschah weniger aus freien Stücken als vielmehr auf öffentlichen Druck und Drohungen hin. In Zukunft soll nun an Ratten statt an Affen geforscht werden. Ein grundsätzlicher Schlussstrich ist unter die Affenversuche aber weiterhin nicht gezogen, denn das Institut kann sie bei Bedarf wieder aufnehmen. Auch wird weiterhin an Affen geforscht, nur eben an anderen wissenschaftlichen Einrichtungen. Tierversuche werden in Deutschland weiter in großem Umfang durchgeführt, so dass der grundsätzliche Streit um den Sinn und Nutzen der Tierversuche bleibt. Angesichts des häufigen Verweises auf verfügbare Alternativmethoden stellt sich die Frage, ob die Tierversuche nicht vollständig durch diese ersetzt und verboten werden könnten. Dieser Frage soll im Folgenden nachgegangen werden.

Der Mensch ist keine Maus

Die Ergebnisse von Tierversuchen sind nicht auf den Menschen übertragbar und aus ethischen Gründen abzulehnen. Deswegen sollen sie nicht verfeinert, reduziert oder ersetzt, sondern ganz abgeschafft werden. Dies ist die Position von Ärzte gegen Tierversuche e. V.

Ärzte gegen Tierversuche e.V. stellt sich gegen die Behauptung, Tierversuche wären notwendig, um die Produkte, die wir täglich nutzen, sicherer zu machen oder um neue Behandlungsmethoden für kranke Menschen zu finden. Tatsächlich seien Tierversuche nicht geeignet, die Wirkung und Gefährlichkeit von Stoffen für den Menschen zu beurteilen.

Ergebnisse aus klinischen Studien, die meist an Menschen mittleren Alters stattfänden, seien nicht auf Kinder oder alte Menschen übertragbar und schon zwischen Mann und Frau gebe es deutliche Unterschiede bei der Wirkung von Medikamenten. Wenn sich aber schon Ergebnisse von einem Menschen auf den anderen aufgrund unterschiedlichen Alters und Geschlechts nicht ohne Weiteres übertragen ließen: wie sollten dann Ergebnisse von Ratten oder Fischen Sicherheit für den Menschen schaffen?

Ein generelles Manko der Tierversuchsforschung sei die Tatsache, dass grundlegende Faktoren der Krankheitsentstehung beim Menschen schlichtweg nicht berücksichtigt würden. Die Art und Weise wie wir uns ernähren, welche Lebensgewohnheiten wir haben, ob wir rauchen, Alkohol trinken oder Drogen nehmen, spiele aber eine zentrale Rolle. Auch psychische Faktoren und Stress im Alltag könnten einen wesentlichen Einfluss auf das Krankheitsgeschehen haben.[1] Tierversuche seien aufgrund der methodischen Fehler schlechte Wissenschaft. Sie seien nicht nur nutzlos, sondern würden sogar schaden.

---

1   Ärzte gegen Tierversuche e. V. [Hrsg.], Der Mensch ist keine Maus. Falsche Versprechungen der tierexperimentellen Forschung, 2016.

Sie gaukle eine Sicherheit vor, die nicht vorhanden sei, und sie hielten den medizinischen Fortschritt aufgrund dieser falschen Ergebnisse auf.[2]

Zudem seien Tierversuche unmoralisch: Achtung und Respekt vor dem Leben, auch dem des Tieres, müsse das wichtigste Gebot, insbesondere auch des ärztlichen und wissenschaftlichen Handelns sein. Vor allem dürfe kein Zweck die Mittel heiligen. Selbst wenn Tierversuche einen Nutzen für den Menschen hätten, dürften sie nicht durchgeführt werden, weil es moralisch unzulässig sei, Tiere zu quälen. Tieren müsse ein eigenständiges Grundrecht, d. h. ein Recht auf ein leidensfreies und ihren Bedürfnissen entsprechendes Leben zugestanden werden.[3]

Tierversuche seien ein Relikt aus vergangenen Zeiten und müssten abgeschafft werden. Viele Tierversuche, vor allem im Bereich der Grundlagenforschung, könnten und bräuchten nicht einmal ersetzt zu werden. Sie müssten durch ein gesetzliches Verbot ersatzlos gestrichen werden. In vielen Forschungsbereichen, etwa beim Test von Chemikalien und Medikamenten, könnten anstelle von Tierversuchen moderne Testmethoden mit menschlichen Zellkulturen, Mikrochips und Computersimulationen eingesetzt werden, deren Ergebnisse im Gegensatz zum Tierversuch auf den Menschen übertragbar seien. Dazu lieferten sozialmedizinische Untersuchungen und Bevölkerungsstudien wertvolle Erkenntnisse mit dem Ziel, die krankmachenden Ursachen in Lebensweise und Umwelt zu beseitigen. Nur auf diese Weise ließen sich wirklich Fortschritte in der Medizin erzielen.[4]

Angesichts der schlechten Ergebnisse der Tierversuche und der Überlegenheit der tierversuchsfreien Methoden stelle sich laut Ärzte gegen Tierversuche e.V. die Frage, warum immer noch so viele Tiere in Versuchen sterben müssen. Bei vielen Tierversuchen gehe es in erster Linie um die Befriedigung wissenschaftlicher Neugier. Ziel sei es, einen weiteren Artikel in einer Fachzeitschrift zu veröffentlichen, mit dem Forschungsgelder für weitere

---

2 Ärzte gegen Tierversuche e. V. [Hrsg.], Woran soll man denn sonst testen? Moderne Forschungsmethoden ohne Tierversuche, 2016, 6-7.
3 Ärzte gegen Tierversuche e. V. [Hrsg.], Woran soll man denn sonst testen? Moderne Forschungsmethoden ohne Tierversuche, 2016, 4.
4 Ärzte gegen Tierversuche e. V. [Hrsg.], Winterschlaf hilft gegen Alzheimer und andere Absurditäten aus der Tierversuchsforschung, 2014.

Tierversuche akquiriert werden sollen. Ein sich selbst erhaltendes System ohne Sinn und Nutzen. Ein weiteres Problem sei die mangelnde finanzielle Förderung der tierversuchsfreien Forschung sowie langwierige Anerkennungsverfahren, die den Einsatz von tierversuchsfreien Methoden verzögerten oder gar verhinderten. Für die Pharmaindustrie schließlich hätten Tierversuche eine Alibifunktion. Wenn mit einem Medikament etwas schief gehe, könne der Hersteller auf die durchgeführten Tierstudien verweisen.[5] Die Pharmaindustrie gehöre ebenso wie die chemische Industrie, die Universitäten, die Auftragslabors, die Versuchstierhändler und die Firmen, die Käfige und anderes Zubehör herstellen, zu einem weit verzweigten Netz einer mächtigen Industrie, die vom Tierversuch profitiere und deren Abschaffung verhindere. Politik und Medien seien von diesem Netz durchzogen.[6]

---

5   Ärzte gegen Tierversuche e. V., Versuche an Katzen. Grausam und sinnlos, 2016. Ärzte gegen Tierversuche e. V., Woran soll man denn sonst testen? Moderne Forschungsmethoden ohne Tierversuche, 2016, 23.
6   Corina Gericke, Was Sie schon immer über Tierversuche wissen wollten. Ein Blick hinter die Kulissen, 3., aktual. Aufl., Göttingen 2015, 41.

Geschichte

Das Streben nach naturwissenschaftlicher Erkenntnis - erste Tierversuche in Antike und früher Neuzeit

Die Anfänge der Tierversuche liegen im Bestreben des Menschen begründet, Kenntnisse über sich selbst und die ihn umgebende Welt zu erlangen. Schon seit frühesten Zeiten lebte der Mensch eng mit dem Tier zusammen, seien es Haustiere oder Nutztiere. So kommt es, dass sich der Mensch seit jeher nicht nur für den eigenen Organismus interessierte, sondern auch für den des Tieres. Der naturwissenschaftliche Forschergeist, der uns heute in der aufgeklärten Zeit so vertraut ist, ist jedoch keinesfalls selbstverständlich. So stand ihm in der Antike ein auf Mythen und Götterglaube gegründetes Weltbild gegenüber. Tiere wurden in manchen Kulturen nicht nur als Geschöpfe Gottes angesehen, sondern als Verkörperungen von Göttern. Diesen durfte nichts zuleide getan werden. Mancherorts finden wir diese Vorstellungen auch heute noch.

Mythologisches versus naturwissenschaftliches Weltbild

Ob und in welchem Maße Tierversuche durchgeführt werden, hängt in hohem Maße vom Weltbild ab. Der Mensch, der sich in seiner Umwelt zurechtfinden und überleben muss, macht sich seit jeher Gedanken über ihren Ursprung und ihr Wesen und versucht Vorgänge zu erklären. Weil der Mensch vor Jahrtausenden noch nicht über die naturwissenschaftlichen Erkenntnisse verfügte, die unser heutiges Leben prägen, hat er Unerklärliches auf Gott oder die Götter und deren Wirken zurückgeführt. Dabei blieb er nicht dabei stehen, die Welt samt ihren Lebewesen als Schöpfung eines Gottes oder mehrerer Götter anzusehen, sondern konnte Naturphänomene, Dinge oder Lebewesen auch vergöttlichen. So wurden beispielsweise ägyptische Pharaonen zu Lebzeiten oder manch römischer Kaiser nach seinem Tod zur Gottheit erklärt.

Auch Tiere konnten als Fleisch gewordene Gottheit verehrt werden. Solche „heiligen Tiere" finden wir auch heute noch.

Das heilige Tier

Die Vorstellung, dass es sich bei bestimmten Tierarten um die Verkörperung von Gottheiten handelt, gab und gibt es in zahlreichen Kulturen. So gibt es bei vielen Völkern Mittel- und Südamerikas beispielsweise einen Jaguar-Gott. Das Volk der Tukano in Nordwest-Brasilien sieht den Jaguar als irdischen Vertreter der obersten Gottheit, der Sonne, an. Er ähnelt der Sonne durch seine gelbe Farbe. Sein Gebrüll gleicht dem Donner, der auch als die Stimme der Sonne angesehen wird. Als Vertreter der Gottheit besitzt der Jaguar große Schöpfungskraft und die Fähigkeit, Schutz zu gewähren. Und die Schildkröte verkörpert im Schöpfungsmythos der Taino, einem Volk der Großen Antillen, gewissermaßen die Urmutter der Menschheit.[7]

Viele tiergestaltige Erscheinungsformen von Göttern kannten im Altertum die Ägypter. Das lebende Tier galt dann als „Ba des Gottes", was in etwa „Macht des Gottes" bedeutet. Im Hinblick auf Tierversuche ist insbesondere der Affe von besonderem Interesse. So wurde der Pavian neben dem Ibis als eine Erscheinungsform des Gottes Thot angesehen, der ursprünglich ein Mondgott war, dann aber mit Schreiben und Wissen assoziiert wurde und Schreibern und Gelehrten jeglicher Art vorstand. Heilige Tiere wurden im Alten Ägypten mit besonderer Ehrfurcht behandelt. Man hielt sie in Tempeln, versorgte sie mit besonderer Nahrung und behängte sie manchmal sogar mit Schmuck. Und wenn diese Tiere starben, erhielten sie ein aufwändiges Begräbnis. Der Pavian war ebenso ein beliebtes Haustier wie der Hund und die Katze und wurde entsprechend verwöhnt. Gewalt wurde den heiligen Tieren nur zu religiösen Zwecken angetan, nämlich wenn sie ihren Besitzer als Grabbeigabe ins Jenseits begleiten sollten oder als Votivgabe einem

---

[7] Vgl. Jaguar und Schlange: der Kosmos der Indianer in Mittel- und Südamerika, hrsg. vom Niedersächsischen Landesmuseum Hannover, Völkerkunde und Ethnologisches Museum - Staatliche Museen zu Berlin, Preußischer Kulturbesitz, Hannover 2000, S. 110-111.198-199.

Gott als Opfer dargebracht wurden.[8] Heute ist das Verhältnis zu den Tieren in Ägypten ein anderes, eben weil sich die Glaubensvorstellungen gewandelt haben und auch weil aufgeklärtes und naturwissenschaftlich ausgerichtetes Denken Einzug gehalten hat. Zudem ist ein Teil der Tiere in Ägypten ausgestorben oder nur noch selten anzutreffen.

Auch in Indien sind Affen heilig: Sie spielen im indischen Nationalepos Ramayana aus dem 1. oder 2. Jh. v. Chr. Affen eine Schlüsselrolle. Der Held des Epos ist der Affe Hanuman (oder: Hanumat), der insbesondere von der indischen Landbevölkerung als Gott verehrt wird. Als dessen Nachkommen gelten die Languren, eine Affenart, die ebenso wie Hanuman einen langen Schwanz hat. Aufgrund ihrer göttlichen Abstammung werden auch die Languren verehrt und dürfen weder gefangen noch getötet werden.[9]

Das bekannteste heilige Tier Indiens ist aber die Kuh. In der Mythologie hat die Kuh ihre Heiligkeit dem Gott Krishna zu verdanken. Nach seiner Geburt wurde Krishna zum Schutz vor einer drohenden Ermordung in die Obhut einer Hirtenfamilie gegeben und verbrachte als Hirtenjunge viel Zeit mit den Tieren. Er wuchs mit der Hirtenfamilie, den Milchmädchen (Gopis) und den Kühen auf und wurde von ihnen ernährt. Dadurch erreichte die Kuh den Status einer Mutter, die es zu verehren gilt. Dieser Mythos schützt die Kuh aber nicht unbedingt davor, vernachlässigt oder sogar geschlachtet zu werden. Die Regelungen bezüglich der Schlachtung von Kühen bzw. Bullen sind Sache der Bundesländer, nicht des Zentralstaats. Zudem hängen nicht alle Inderinnen und Inder dem hinduistischen Glauben an oder nehmen es mit dem Glauben so genau.

---

8   Vgl. Richard H. Wilkinson: Die Welt der Götter im alten Ägypten: Glaube, Macht, Mythologie, Stuttgart 2003, S. 215-217; Das Geheimnis der Mumien: ewiges Leben am Nil, hrsg. vom Museum für Kunst und Gewerbe Hamburg, München - New York 1997, S. 57-63.
9   Vgl. Volker Sommer: Heilige Egoisten: die Soziobiologie indischer Tempelaffen, München 1996, S. 9-20.

Hinzu kommt, dass für die verschiedenen Kasten jeweils eigene Regeln gelten. Daher kommt es, dass auch Rindfleisch verspeist und exportiert wird.[10]

Eingriffe an lebenden Tieren in der Antike

Zu allen Zeiten haben verschiedene Weltbilder und Einstellungen gegenüber Tieren nebeneinander existiert. So haben schon immer Menschen Tiere als heilig angesehen oder als Schöpfung Gottes oder der Götter, aber auch ein auf der Vernunft gegründetes Weltbild vertreten und nach naturwissenschaftlichen Erkenntnissen gestrebt. Allerdings haben sich die Gewichte verschoben: Im Altertum war die auf Mythen und religiösen Vorstellungen beruhende Weltsicht vorherrschend, ebenso im Mittelalter; mit der Aufklärung bekamen dagegen Vernunft und naturwissenschaftliche, auf Experimenten gründende Forschung mehr Raum.

Schon in der Antike wurden operative Eingriffe am lebenden Tier unternommen. Diese Eingriffe bezeichnete man lateinisch als „incidere vivorum corpora", was man mit „die Körper der Lebenden schneiden" übersetzen kann. In der Renaissance wurden die Bezeichnungen „vivi animantis sectio", „vivorum sectio" und „viva sectio" gebräuchlich, die gleichbedeutend sind. Von diesen Bezeichnungen leitet sich der heute gebrauchte Begriff „Vivisektion" her, der aber nicht nur im Sinne eines operativen Eingriffs am lebenden Tier (oder Menschen) verstanden wird, sondern auch andere Arten von Tierversuchen einschließen kann.

Die ersten Eingriffe wurden vorgenommen, um Erkenntnisse über den Aufbau und die Funktionsweise des Körpers lebendiger Tiere zu erhalten. Dabei lag der Fokus insbesondere auf den Nerven, bei denen mittels der Eingriffe festgestellt

---

10   Vgl. Brigitte Hülsewiede: Indiens heilige Kühe: in religiöser, ökologischer und entwicklungspolitischer Perspektive; Ergebnisse einer aktuellen ethnologischen Kontroverse (Theologische Studien 1), Münster 1986, S. 69-71; http://www.rajasthan-indien-reise.de/indien/tiere-heilige-kuh.html;
http://www.deutschlandfunkkultur.de/heilige-kuh-in-indien-die-geschundene-goetin.979.de.html?dram:article_id=320433;
http://www.deutschlandfunkkultur.de/indien-toedlicher-streit-um-die-heilige-kuh.1278.de.html?dram:article_id=334273 (jeweils 19.05.2017).

werden konnte, dass es verschiedene Nervenarten gibt. Man untersuchte auch die Funktion der verschiedenen Nerven. So zerschnitt Alkmaion von Kroton, der im 6. Jh. v. Chr. die wissenschaftliche Hirnforschung begründete, die Sehnerven lebendiger Tiere und konnte infolgedessen deren Erblindung feststellen. Er hatte zuvor festgestellt, dass es Stränge von Sehnerven gibt, die vom Auge zum Gehirn führen. Hierzu hatte er toten Tieren die Augäpfel herausgeschnitten. Herophilos (um 330 – 250 v. Chr.) und Erasistratos (um 305 – 240 v. Chr.) untersuchten Art und Funktionsweise von Nerven in Alexandria (Ägypten), einer Hochburg für Forschung, die den Körper betrifft. Ebenfalls Interesse am Aufbau und der Funktionsweise des Körpers hatte der Verfasser von „Über das Herz", einem Text aus dem „Corpus Hippocratium", einer Sammlung von 60 medizinischen Texten des 5. bis 2. Jahrhunderts v. Chr. Um den Schluckvorgang zu untersuchen, zerschnitt er die Kehle eines Schweins, das gefärbtes Wasser trank. Er öffnete den Brustkorb eines anderen lebenden Tieres und beschrieb, wie die Ventrikel und Aurikel des Herzens abwechselnd pulsieren. Alle diese Erkenntnisse setzten einen lebendigen Organismus voraus und hätten sich am toten Körper so nicht machen lassen. Zudem war man sich bewusst, dass in einem Körper nach dem Tod Veränderungen ablaufen, weshalb man sich nicht auf das Sezieren von Leichen beschränken wollte.

Der berühmte Arzt Galen von Pergamon, der Ende des 2. Jhs. n. Chr. wirkte, beschrieb die verschiedenen Techniken der Eingriffe am lebenden Tier und verbesserte sie. Mit seinen anatomischen Untersuchungen an Tieren und Beobachtungen der Körperfunktionen des Menschen schuf er ein umfassendes System der Medizin („Galenismus"), das mehrere Jahrhunderte die Heilkunde und das medizinische Denken und Handeln der Menschen bestimmte. Galen beschrieb die Vivisektion sehr nüchtern und riet zu einer ebenso nüchternen Vorgehensweise. So empfahl er in dem Kapitel über Eingriffe in das Gehirn lebender Tiere, den Versuch so durchzuführen, als erfolge er am toten Tier: Die forschende Person sollte mit dem Tier kein Mitleid oder Mitgefühl zeigen. Auch sollte sie sich von dem Blutfluss nicht abschrecken lassen, einen Versuch bis zum Ende durchzuziehen oder erneut durchzuführen. Galen ging der stoischen Philosophie entsprechend davon aus, dass Tiere keine Vernunftseele haben, und sprach ihnen damit sowohl

Persönlichkeit als auch Rechte ab. Dies entsprach dem klassischen römischen Recht, das die Tiere als Sache ansah. Wenn Galen vor bestimmten Tierversuchen zurückschreckte, dann hatte dies also keine moralischen oder rechtlichen Gründe, sondern ästhetische. So empfahl er, für bestimmte Eingriffe im Gehirn Schweine oder Ziegen statt Affen zu benutzen, weil der Gesichtsausdruck letzterer bei dem Eingriff so unangenehm sei. Auch schreckte Galen davor zurück, Tieren ihr Sexualorgan zu zerschneiden, wenn sie sich in menschlich-aufrechter Position befanden.[11]

Am Erbe der Antike angeknüpft: Die Erforschung des tierischen und menschlichen Organismus in der frühen Neuzeit

Im Mittelalter verloren die Tierversuche an Bedeutung. Das Hauptinteresse der Menschen wandte sich vom Diesseits ab und richtete sich auf das Jenseits. Das Streben nach naturwissenschaftlicher Erkenntnis verschwand zwar auch in dieser Zeit nicht ganz, jedoch wandelte sich das Weltbild: Die irdische Welt wurde insbesondere als Gottes Schöpfung angesehen und im Lichte der Heilsgeschichte und des endzeitlichen göttlichen Weltgerichtes betrachtet. Die irdische Welt rückte erst wieder in der frühen Neuzeit in den Vordergrund, als man im Zeitalter der Renaissance in Kunst, Architektur und Wissenschaft an das antike Erbe anknüpfte. Auf diesem Hintergrund erwachte auch wieder das Interesse an einer Erforschung des Aufbaus und der Funktionen des tierischen und menschlichen Körpers. So wurde die Renaissance die große Zeit der Anatomie.

Hinsichtlich der anatomischen Forschungen taten sich insbesondere Andreas Vesalius (1514-1564), Professor der Chirurgie und Anatomie an der Universität Padua, und Matteo

---

11   Vgl. Andreas-Holger Maehle, Ulrich Tröhler: Animal Experimentation from Antiquity to the End of the Eighteenth Century: Attitudes and Arguments, in: N. A. Rupke [ed.], Vivisection in Historical Perspective, London - New York - Sydney 1990, S. 14-16; Galen, On Anatomical Procedures. The Later Books, ed. M. C. Lyons, B. Towers, Cambridge 1962, S. 15-17. Als weiteren Grund für die empfohlene Wahl von Schweinen oder Ziegen statt Affen führt Galen an, dass das Tier einen lauten Schrei ausstoße Das sei bei Schweinen und Ziegen der Fall, nicht aber bei Affen.

Realdo Colombo (1516-1559), sein Schüler und Nachfolger auf dem Lehrstuhl, hervor. Die beiden Wissenschaftler sezierten bei ihren öffentlichen Vorträgen immer wieder lebende Tiere, wobei die Vivisektion zugleich den Schluss und den Höhepunkt der Vorträge darstellte. Sie griffen auf die von Galen beschriebenen Techniken zurück, wobei sie manche Aussage Galens zum tierischen Körper und manche Übertragung auf den menschlichen kritisierten und korrigierten. Vesalius begründete die Notwendigkeit der Tierversuche damit, dass sie Einblicke in den tierischen Körper und indirekt auch in den menschlichen ermöglichten, und zudem chirurgische Fähigkeiten vermittelten. Ergänzt wurden die Tierversuche - und hier war Vesalius ein Pionier - in erster Linie durch das Sezieren von menschlichen Leichen.[12]

Von naturwissenschaftlichem Forschergeist geprägtes Denken ist in Europa bis heute vorherrschend geblieben und liegt auch der Verteidigung der Tierversuche zugrunde. Versuche an Menschen wurden seit jeher entweder als „barbarisch" abgetan oder erst als letzter Teil einer Versuchsabfolge durchgeführt. Bewusst oder unbewusst wurde - und wird auch heute noch - nach der Vorstellung verfahren, dass der Mensch die „Krone der Schöpfung" und das Tier ihm untergeordnet sei.

---

12   Vgl. Andreas-Holger Maehle, Ulrich Tröhler: Animal Experimentation from Antiquity to the End of the Eighteenth Century: Attitudes and Arguments, in: N. A. Rupke [ed.], Vivisection in Historical Perspective, London - New York - Sydney 1990, S. 16-19.

Die Anfänge der modernen Impfung

Die emotionale Diskussion um die Zulässigkeit von Tierversuchen darf nicht darüber hinwegtäuschen, dass in der Medizin und Tiermedizin bahnbrechende wissenschaftliche Erkenntnisse nicht ohne Tierversuche möglich gewesen wären. Dies zeigt sich gerade im Bereich der Impfungen, die vielen Infektionskrankheiten ihren Schrecken genommen haben und so für Mensch und Tier einen Segen darstellen.

Ein Menschenversuch legt den Grundstein für die moderne Impfung

Am 14. Mai 1796 führte der englische Landarzt Edward Jenner ein Experiment durch, das ihn berühmt machen sollte: Eine Viehmagd hatte sich an der Hand mit einem Dorn geritzt und kurz danach beim Melken mit Kuhpocken infiziert. Jenner entnahm etwas Sekret aus einer der Pusteln an ihrem Arm und ritzte dieses in den Arm eines achtjährigen Jungen ein. In den folgenden Tagen beobachtete er, ob sich eine Reaktion einstellen würde. Am neunten Tag bekam der Junge etwas Schüttelfrost und leichte Kopfschmerzen und war am nächsten Tag wieder genesen. Nun infizierte der Arzt den Jungen mit einer Dosis „echter" Pockenviren und beobachtete den weiteren Verlauf. Der Junge blieb auch danach gesund. Jenner hatte den Grundstein für die moderne Impfung gelegt.

Was war das Besondere am dem Experiment? Schon früh hatte man erkannt, dass pockennarbige Personen - also Personen, die die Pocken überlebt hatten - nicht wieder daran erkrankten. Aufgrund dieser Erkenntnis entnahm man Eiter aus Pusteln von nur leicht an Pocken erkrankten Menschen und ritzte ihn Gesunden in die Hand ein. Man infizierte also absichtlich Gesunde in der Hoffnung, bei den so Behandelten werde die Erkrankung auch nur so leicht verlaufen wie bei der Infektionsspenderin oder dem Infektionsspender. Diese Vorgehensweise, die zunächst in Indien, China und der Türkei durchgeführt worden war, nannte man Variolation. Die Variolation fand 1721 den Weg nach England, wo Jenner schließlich von ihr erfuhr. Sie war jedoch nicht ganz unproblematisch: Die behandelnde Person durfte nicht zu tief in die Haut ritzen und nicht zu viel Eiter verwenden. Vor allem musste die so behandelte Person vor der Impfung bei bester Gesundheit gewesen sein. Andernfalls bestand die Gefahr, dass sie an Pocken erkrankte und schlimmstenfalls ihre Umgebung ansteckte. Jenner war sich dieser Gefahren bewusst und verwendete daher zum Immunisieren statt der „echten" Pockenviren die für den Menschen harmloseren Kuhpockenviren. Dass dies funktionierte, liegt daran, dass beide Virusstämme zu einer Familie gehören und sich immunologisch so ähnlich sehen, dass sie eine sogenannte Kreuzimmunität auslösen. Das bedeutet, dass eine Person, die mit Kuhpocken infiziert worden ist, mit großer Wahrscheinlichkeit an den „echten" Pocken nicht mehr erkrankt. Weil Jenner sein neues Verfahren der Kuh - lateinisch vacca - verdankte, nannte er sein neues Verfahren „vaccination" („Vakzination"). Die genauen naturwissenschaftlichen Hintergründe des Versuchserfolges waren ihm dabei unbekannt. Er hatte aufgrund genauer Beobachtung gehandelt.[13]

Die Anfänge der Bakteriologie

Wie Krankheiten entstehen und sich Seuchen ausbreiten, darüber war man sich bis ins 19. Jh. hinein uneinig. Meist ging man aufgrund fehlenden Wissens über Bakterien und Viren davon aus, dass üble Gerüche an den Krankheiten und den Seuchen Schuld seien. Diese würden sich mittels eines in Erde und Luft befindlichen, als „Miasma" bezeichneten Stoffes ausbreiten.

Bakterien waren zwar auch schon unter dem Mikroskop beobachtet worden, jedoch hielt man sie lange Zeit nicht für die Entstehung und Verbreitung von Krankheiten verantwortlich. Vielmehr ging man allgemein davon aus, dass durch sogenannte Urzeugung (Generatio spontanea) Leben spontan aus toter

---

13   Vgl. Klaus Hartmann: Impfen, bis der Arzt kommt, München 2012, S. 18-20; Pocken, hrsg. vom Robert Koch - Institut (im Internet aufrufbar unter http://www.abig.rki.de/ABiG/DE/Content/Datenbank/Pocken/Pocken_Basisinformationen.pdf?_blob=publicationFile, 19.05.2017).

Materie entstehen könne. Nach dieser Theorie entstanden die unter dem Mikroskop entdeckten Mikroorganismen spontan im Untersuchungsmaterial und hatten nichts mit der Entstehung von Krankheiten zu tun.

Angesichts der weiten Verbreitung der Theorie der Urzeugung war schon reichlich ungewöhnlich, was der Göttinger Anatom Friedrich Gustav Jakob Henle in seiner Schrift Pathologische Untersuchungen (1840) für eine These vertrat: Infektionskrankheiten würden von einem lebenden Agens (Contagium vivum) hervorgerufen, das sich - möglicherweise pflanzlicher Natur - im Körper wie ein Parasit verhalte. Angeregt worden war Henle bei seinen Überlegungen von Agostino Bassi, einem Gutsverwalter aus Piemont, der 1835 nachgewiesen hatte, dass der Erreger einer als „Kalksucht" bezeichneten Krankheit der Seidenraupen ein Pilz war. Damit hatte Bassi das erste Beispiel für eine von Mikroorganismen verursachte Krankheit geliefert. Zu seiner Erkenntnis war Bassi u. a. mit Hilfe von Tierversuchen gekommen: Er hatte gesunde Raupen mit dem weißen Puder und feinen Gespinst, von dem verendete Seidenraupen überzogen waren, in Berührung gebracht und sie auf diese Weise mit der Krankheit angesteckt.

Die Wissenschaft tat vorerst Henles These als spekulativ ab, bis 1857 der Chemiker und Mikrobiologe Louis Pasteur die spontane Urzeugung experimentell widerlegen konnte: Verantwortlich für den Gärungs- und Fäulnisprozess waren Mikroorganismen, die in der Natur überall vorkamen und von denen sich einige sogar unter Sauerstoffabschluss vermehren konnten.[14]

Die Entwicklung von Impfstoffen gegen Milzbrand und Tollwut

Je mehr sich die Erkenntnis durchsetzte, dass Mikroorganismen bei Mensch und Tier Krankheiten auslösen können, desto größer wurde das Interesse an einem Schutz gegen die Krankheitserreger.

---

14 Vgl. Angela von den Driesch, Joris Peters: Geschichte der Tiermedizin: 500 Jahre Tierheilkunde, 2., akt. und erw. Aufl., Stuttgart 2003, S. 157-159; https://de.wikipedia.org/wiki/Agostino_Bassi; http://www.onmeda.de/krankheitserreger/entdeckung_krankheitserreger.html (jeweils 19.05.2017).

Besonderes Interesse galt zunächst dem Milzbrand, auch Anthrax genannt, der den Viehbeständen großen Schaden zufügte und wegen seiner Übertragbarkeit auf den Menschen gefürchtet war. Robert Koch, der 1872 in Pommern eine Stelle als Kreisarzt gefunden hatte, wurde bei seiner beruflichen Tätigkeit mit dieser Krankheit konfrontiert. Der Milzbrand zählte bereits zu den am besten erforschten Infektionskrankheiten und es galt als wahrscheinlich, dass sie durch stäbchenförmige Gebilde übertragen wurde, die sich im Blut erkrankter Tiere nachweisen ließen. Koch gelang es, den Bazillus anthracis zu züchten und seinen Lebenszyklus vollständig zu beschreiben.

Das Verhältnis zwischen den beiden Forschern Koch und Pasteur war von einer Mischung aus Unwissenheit und Konkurrenz geprägt. Koch war Deutscher, Pasteur Franzose. Damit kam es aufgrund mangelnder Kenntnisse der Sprache des Anderen bei der Verständigung zu Problemen. Außerdem versuchten sich die beiden nationalistisch gesinnten Männer bei ihren Forschungen zu übertrumpfen. Aufgrund des Wetteifers der beiden ist nicht ganz einfach auszumachen, wem welche wissenschaftlichen Erkenntnisse zuzuschreiben sind. Die eigentliche Schutzimpfung verdankt die Medizin Pasteur, der 1880 an den Kühen bestätigen konnte, was man bereits bei den Schafen beobachtet hatte: Dass die Tiere, die die Krankheit überlebten, danach gegen die Einspritzung der virulenten (= krankmachenden) Bakterien geschützt waren. Nach verschiedenen Versuchen kam er zu folgendem Ergebnis: „Was seine Ansteckungsfähigkeit betrifft, stellt man die außerordentliche Tatsache fest, dass das Milzbrandbakterium sie bereits nach acht Tagen Lagerung bei 42-43°C bis auf Weiteres verliert; zumindest sind seine Kulturen für das Meerschweinchen, das Kaninchen und das Schaf ungefährlich, drei der Tierarten, die am geeignetsten sind, am Milzbrand zu erkranken […]. Was wäre einfacher, als in diesen Virenkulturen die eigentlichen Viren zu finden, um das Milzbrandfieber auf Schafe, Kühe, Pferde zu übertragen, ohne dass sie dabei zu Tode kommen, und sie so gegen die tödliche Krankheit zu schützen? Wir haben diesen Vorgang mit großem Erfolg an den Schafen praktiziert." Die Nachricht von diesem Ergebnis wurde rasch außerhalb des Labors bekannt und von einigen mit Begeisterung, von vielen jedoch mit Skepsis aufgenommen. Der Forderung nach eindeutigen Tests kam Pasteur mit einem öffentlichen Experiment nach: Auf einem Bauernhof impfte man die Hälfte der Schafe, Kühe und Ziegen, wogegen der Rest keine Behandlung bekam. Der Erfolg war durchschlagend: Die 25 geimpften Schafe überlebten die Impfung mit dem virulenten Bakterium und die 25 nicht geimpften starben. Infolge dieser beeindruckenden Demonstration verbreitete sich der Impfstoff, zubereitet nach der ursprünglich von Pasteur empfohlenen Methode, auf der ganzen Welt und erlaubte es Millionen von Tieren, Schafe wie Rinder, vor dem Milzbrand zu schützen.[15]

Auch bei der Entwicklung eines Impfstoffes gegen die gefürchtete Tollwut spielte Pasteur eine herausragende Rolle. Seinen Forschungen lagen die Tierversuche des Tierpathologen Victor Galtier zugrunde: Er hatte nachgewiesen, dass man Schafen mit Tollwut infizierten Speichel in die Venen spritzen konnte, ohne dass sie an Tollwut erkrankten. Derart vorbehandelte Tiere waren gegen eine spätere Bissinfektion gefeit. Für Pasteur war offenkundig, dass die Tollwut von einer Mikrobe verursacht wird, wobei er sie unter dem Mikroskop nicht entdecken konnte. Das lag daran, dass es sich um Viren handelt, die kleiner als Bakterien sind, und die Vergrößerung der damaligen Mikroskope nicht ausreichte, sie sichtbar zu machen. Ähnlich wie bei dem Milzbranderreger entwickelte Pasteur einen Impfstoff dadurch, dass er den Krankheitserreger abschwächte. Er ließ dazu das von Tollwut befallene Rückenmark eines Kaninchens an der Luft altern, da er davon ausging, dass dieses die Quelle der Mikrobe sei, von der aus die Tollwut auf ein anderes Kaninchen übertragen werden könne. Die Beobachtung, dass die Krankheit meist erst einen Monat oder später nach einem Biss ausbricht, brachte ihn auf den Gedanken, während dieser Inkubationszeit eine Schutzimpfung auszuprobieren. Die erste Versuchsperson war ein neunjähriger Junge, der von einem tollwütigen Hund gebissen worden war. Als

---

15   Vgl. Christoph Gradmann: Krankheit im Labor. Robert Koch und die medizinische Bakteriologie, Göttingen 2005, S. 20-23.67-81; Annick Perrot, Maxime Schwartz: Robert Koch und Louis Pasteur. Duell zweier Giganten, Darmstadt 2015, S. 89-94, Zitat S. 92-93; Angela von den Driesch, Joris Peters: Geschichte der Tiermedizin: 500 Jahre Tierheilkunde, 2., akt. und erw. Aufl.; Stuttgart 2003, S. 160-164.

dieser nicht erkrankte, erhielten in den folgenden 15 Monaten 2490 Menschen die Schutzimpfung.[16]

Serumtherapie und Entdeckung der Toxine

1891 lernten sich Paul Ehrlich und Emil von Behring am von Robert Koch gegründeten Berliner Institut für Infektionskrankheiten kennen. Während Ehrlich zunächst noch das Wachstum von Bakterien mit Farbstoffen, vor allem Methylenblau, bremsen wollte, entwickelte von Behring den vielversprechenden Ansatz der Serumtherapie. Ausgehend von der Tatsache, dass manche Tierarten durch eine Infektion mit bestimmten Erregern nicht krank wurden, andere aber erkrankten und starben, fragte er sich, was die nicht erkrankten Spezies schützt. Anhand von ersten Tests mit Ratten stellte von Behring fest, dass die schützenden Faktoren im Blutserum - d. h. im Blut ohne die zuvor herausgefilterten Blutkörperchen - lagen.

Gemeinsam mit dem Japaner Kitasato Shibasaburo experimentierte von Behring weiter mit Meerschweinchen. An ihnen wollte er zeigen, dass auch angezüchtete Bakterienkulturen mit Diphtherieerregern durch das spezielle Serum deaktiviert werden konnten. Überraschenderweise blieb hier aber der Erfolg aus. Die Bakterien zeigten sich von dem Serum unbeeindruckt und vermehrten sich in ihrer Kultur munter weiter. Wie konnte es sein, dass das Serum nicht die Vermehrung der Bakterien verhinderte, aber trotzdem ganz offensichtlich vor der Krankheit schützte? Von Behring und Kitasato erkannten, dass nicht die Erreger selbst die Übeltäter waren, sondern die Toxine, giftige Stoffwechselprodukte der Erreger. Dies konnten sie auch beim Wundstarrkrampf (Tetanus) nachweisen. Die theoretischen Grundlagen der Serumtherapie arbeitete Paul Ehrlich intensiv aus. Er befasste sich auch mit der richtigen Dosierung des Immunserums und erarbeitete bahnbrechende Theorien über die Wirkung von Giften und Gegengiften bzw. Arzneimitteln. Als erster Direktor des 1896

---

16   Vgl. Annick Perrot, Maxime Schwartz: Robert Koch und Louis Pasteur. Duell zweier Giganten, Darmstadt 2015, S. 149-162; Angela von den Driesch, Joris Peters: Geschichte der Tiermedizin: 500 Jahre Tierheilkunde, 2., akt. und erw. Aufl., Stuttgart 2003, S. 182-185.

in Berlin-Steglitz gegründeten Instituts für Serumforschung und Serumprüfung hatte er den Auftrag, die Grundprinzipien staatlicher Arzneimittelkontrolle zu entwickeln und umzusetzen. Auslöser dafür war die stark schwankende Qualität und Wirksamkeit des Immunserums.

Die Diphtherie war in den 1880er Jahren eine der Hauptursachen für den frühen Tod von Kindern. Insofern war die Entwicklung des Diphtherieserums ein Meilenstein in der Bekämpfung von Infektionskrankheiten und Kindersterblichkeit. Man pries von Behring im Volksmund als „Retter der Kinder" und zeichnete ihn für seine Arbeit mit dem ersten Medizin-Nobelpreis der Geschichte aus, der im Jahr 1901 vergeben wurde. Robert Koch folgte als Nobelpreisträger im Jahr 1905, Paul Ehrlich 1908.[17]

---

17   Vgl. Klaus Hartmann: Impfen, bis der Arzt kommt, München 2012, S. 24-27; http://www.pei.de/DE/institut/geschichte/geschichte-node.html (19.05.2017).

Ethik

„Und machet sie euch untertan" - Biblisch-theologische Aspekte

Das Verhältnis des Menschen zum Tier ist weitgehend von der Unterordnung des Tieres unter die Bedürfnisse und Interessen des Menschen geprägt. Das war in der Vergangenheit so und ist es bis heute geblieben. Immer wieder wurde und wird dieses Unterordnungsverhältnis mit der biblischen Aussage begründet, dass der Mensch über die Tiere herrschen solle. Aber was für eine Herrschaft ist da im Blick? Ist Willkür erlaubt oder gar eine Gewaltherrschaft oder sind dem Menschen Grenzen gesetzt? Wenn letzteres der Fall ist: Wo liegen im Hinblick auf die Tierversuche die Grenzen?

Das Verhältnis des Menschen zum Tier als biblischer Ausgangspunkt

Auch wenn sich die Gesellschaft in Europa im Vergleich zu den vergangenen Jahrhunderten aus religiöser Sicht deutlich geändert hat, bilden die Anhängerinnen und Anhänger des christlichen Glaubens weiterhin die Mehrheit. Das grundlegende Buch des Christentums ist die Bibel, in der die wesentlichen Glaubenstexte enthalten sind: hier finden wir im Alten wie im Neuen Testament die Normen, an denen Christinnen und Christen ihr Verhalten ausrichten sollen. Allerdings werden in beiden die Tierversuche mit keinem Wort erwähnt. Es gibt also keine direkte Aussage darüber, ob sie zulässig sind oder nicht. Wenn wir uns von der Bibel her dem Thema nähern, dann geht das daher nur auf indirektem Wege, nämlich über Aussagen über das Verhältnis des Menschen zum Tier.

Herrschaft des Menschen über die Tiere: der erste biblische Schöpfungsbericht

Die entscheidende Passage über das Verhältnis des Menschen zum Tier findet sich im ersten biblischen Schöpfungsbericht im alttestamentlichen Buch Genesis (= erstes Buch Mose). So wird im ersten Kapitel und den ersten Versen des zweiten Kapitels beschrieben (1,1-2,3) wie Gott in sechs Tagen den Himmel und die Erde schuf und am siebten Tag ruhte. Gemäß diesem Bericht schuf Gott am sechsten Tag zunächst die Tiere und dann den Menschen. Der Mensch wird als „Bild Gottes" bezeichnet, das über die Tiere herrschen solle. Die Herrschaft des Menschen über die Tiere wird aber nicht weiter charakterisiert, so dass sich die Frage stellt, wie sie denn beschaffen sein soll. Ist aus der fehlenden Charakterisierung zu schließen, dass sie der Mensch nach seinem Gutdünken ausgestalten kann und sogar eine Gewaltherrschaft nicht ausgeschlossen ist? Oder sind dem Menschen Grenzen gesetzt, hat er sich an bestimmten Leitlinien zu orientieren?

Zunächst einmal ist bemerkenswert, dass alle einzelnen Schöpfungsschritte mit „Gott sah, dass es gut war" abgeschlossen werden. Es ist also festzuhalten, dass das Geschaffene nicht als Misslungenes, etwas zu Verbesserndes dargestellt wird, sondern als etwas, was gut ist. Die erwähnte Sintflut hat dementsprechend auch nicht damit zu tun, dass Gott seine Schöpfung vernichten wollte, sondern damit, dass der Mensch nach der Vertreibung aus dem Paradies boshaft war. Fern von Gott gestaltete er sein Leben nach eigenem Belieben, missfiel in seinem Verhalten aber Gott. Wenn der Mensch über die Tiere herrschen soll, dann ist also festgelegt, dass dies im Rahmen der guten Schöpfungsordnung erfolgen soll.

Herrschaft nach göttlichen Maßstäben

Die Formulierung „Bild Gottes" ist in engem Zusammenhang mit der Herrschaft zu sehen. Der Zusammenhang von Bild und Herrschaft wird an Münzen deutlich: Das Bild einer Herrscherin oder eines Herrschers auf einer Münze gibt zu erkennen, dass sich deren bzw. dessen Herrschaft über den Gültigkeitsbereich der

Münze erstreckt. Das Bild ist nicht mit der Herrscherin oder dem Herrscher identisch, bezüglich der Herrschaft besteht jedoch eine Übereinstimmung. Wenn der Mensch also „Bild Gottes" ist, dann ist er nicht mit Gott identisch, sieht diesem auch nicht ähnlich - auch wenn Gott in der Bibel durchaus menschliche Züge tragen kann -, sondern hat wie Gott Herrschaftsbefugnisse inne. Im Gegensatz zu Gott ist er jedoch nicht Schöpfer, sondern Geschöpf und bleibt so Gott untergeordnet. Im Hinblick auf die Herrschaft bedeutet das, dass diese sich daran auszurichten hat, wie Gott herrscht.

Auch wenn der biblische Gott, insbesondere der des Alten Testaments, durchaus gewalttätig werden kann, so ist die Ausübung der Gewalt kein Grundzug Gottes. Vielmehr wird Gott als barmherzig oder gnädig beschrieben. Wenn Gott gewalttätig wird, dann erfolgt das meist, wenn ihm etwas entgegengesetzt ist, seien es Mächte, Geschehnisse oder Verhaltensweisen. Für die menschliche Herrschaft über die Tiere bedeutet das, dass sie sich nicht die Gewalt als Maßstab nehmen soll, sondern die Barmherzigkeit.

Tiere nutzen, aber nicht quälen

Das Verhältnis des Menschen zum Tier war in der Antike zwiespältig: Zum einen war das Tier sein enger Gefährte und er nutzte es, so gut er konnte, zum anderen war es aber auch sein Feind, wenn es giftig war oder ihn insbesondere in der Dunkelheit der Nacht bedrohte. Es ist also zwischen Nutztier (z. B. Schaf oder Rind) und Gifttier (z. B. Schlange oder Skorpion) oder Raubtier (z. B. Schakal oder Löwe) zu unterscheiden. Die Nutzung von Tieren wird in der Bibel vorausgesetzt und gemeinhin auch nicht kritisiert. Tiere dürfen verspeist, gemolken, geschoren oder anderweitig für menschliche Ernährung, Kleidung oder Gebrauchsgegenstände genutzt werden. Und schließlich ist es auch erlaubt, sie dafür zu verwenden, dass sie für die Menschen Arbeiten verrichten, beispielsweise das Feld pflügen. Zwar gibt es Ausnahmen, die meist kultisch begründet werden, z. B. Speisegebote, diese stellen jedoch das grundsätzliche Recht auf Nutzung nicht infrage.

Wenn es im Buch Genesis (9,2) heißt, dass sich auf alle Tiere Furcht und Schrecken vor dem Menschen legen soll, dann ist damit nicht gesagt, dass Menschen Tiere nach Gutdünken behandeln und quälen dürfen. Vielmehr wird eine ausdrückliche Verbindung zu den Tieren als Nahrungsquelle hergestellt, d. h. Furcht und Schrecken beziehen sich auf die Schlachtung. Das Verhältnis zwischen Mensch und Tier ist also vom natürlichen Prinzip des „Fressens und Gefressenwerdens" geprägt, mit dem Unterschied, dass der Mensch das Tier nicht reißen und mit seinem Blut verschlingen soll. Vielmehr soll das Tier ausbluten, der Mensch also vor dem Essen innehalten und sein Handeln bedenken. Ein Hinweis darauf, dass das Tier in die Sorge des Menschen gestellt ist.[18]

Dass sich die Barmherzigkeit Gottes nicht nur auf Menschen, sondern auch auf Tiere bezieht, geht insbesondere aus Psalm 36 (Vers 7) hervor. Dort heißt es mit Blick auf Gott: „Mensch und Tier rettest Du, JHWH (= Gott)". Die „Rettung" beinhaltet nicht nur die Rettung vor Gefahr oder Peinigung, sondern auch die Fürsorge: das Versorgen mit Speise und Trank und grundsätzlich die Sorge um das Wohlergehen. Es ist hier nicht der tyrannische, nach Gutdünken handelnde Herrscher im Blick, sondern der gütige, auf das Wohl seiner Untertanen bedachte Herrscher. Ein solches Herrscherbild ist auch zugrunde gelegt, wenn der Mensch als „Bild Gottes" bezeichnet wird. Von diesem Herrschaftsverständnis her erklären sich erste Ansätze des Tierschutzes, zu denen auch die Ermahnung im Buch Deuteronomium (= fünftes Buch Mose; 25,4) gehört, einem dreschenden Rind nicht das Maul zu verbinden. Das Rind darf zwar vom Menschen für die Verrichtung von Arbeit herangezogen werden, muss aber dafür auch die notwendige Menge Futter zu sich nehmen können.[19]

---

18 Vgl. Christoph Dohmen: Mitgeschöpflichkeit und Tierfriede, Bibel und Kirche 60/1 (2005), S. 26-31; Bernd Janowski: Tiere als Opfer und Mitgeschöpfe im Alten Testament, Bibel und Kirche 60/1 (2005), S. 32-37; Peter Riede: Geschaffen - anvertraut - bewundert. Die biblische Tierwelt als Spiegel des Menschen, Bibel und Kirche 71/4 (2016), S. 202-206. Gen 1,1-2,3 entsprechende Aussagen finden sich auch in Psalm 8.
19 Vgl. Matthias Dietrich: Was heißt „Gott rettet Tiere"?: Eine Interpretation von Ps 36,7b auf dem Hintergrund der einschlägigen alttestamentlichen Aussagen, München 2001, mit Zitat.

Der „Tierfrieden"

Ein Grundzug der Bibel ist, dass die Aussagen zwar auf bestehenden Verhältnissen gründen, diese jedoch nicht als unumstößlich dargestellt werden. Vielmehr werden aus der Sehnsucht nach besseren Verhältnissen heraus paradiesische Zustände geschildert. Diese werden nicht nur als Wunschvorstellung, sondern als dem göttlichen Plan entsprechend verstanden, wobei dessen Umsetzung als gewiss angesehen wird. Eine solche paradiesische Vorstellung ist der Friede zwischen Mensch und Tier und auch der Tiere untereinander, wie er im Buch des Propheten Jesaja im 11. Kapitel, Vers 6-8 geschildert wird: „Dann wohnt der Wolf beim Lamm, der Panther liegt beim Böcklein. Kalb und Löwe weiden zusammen, ein kleiner Knabe kann sie hüten. Kuh und Bärin freunden sich an, ihre Jungen liegen beieinander. Der Löwe frisst Stroh wie das Rind. Der Säugling spielt vor dem Schlupfloch der Natter, das Kind streckt seine Hand in die Höhle der Schlange." Zwar fällt auf, dass das Schwergewicht dieser Schilderung darauf liegt, dass der Schrecken der Raubtiere und Schlangen für Mensch und Nutztiere verloren geht, jedoch kann die Friedensvorstellung auch auf das Verhältnis des Menschen zu den Tieren übertragen werden: Der Mensch verliert den Schrecken für die Tiere, tötet und quält sie nicht mehr.[20]

Der „Tierfriede" stellt einen Zustand des Heils dar, eine Zielvorstellung. Als solche gibt er eine Richtung an, in die sich das Dasein auf Erden verändern soll und wird. Für die Tierversuche bedeutet das, dass wenigstens diejenigen Versuche, die für die Tiere Leid mit sich bringen, zu reduzieren und mindestens auf lange Sicht hin zu verbieten sind. Grundsätzlich ist immer abzuwägen, ob der aus den Versuchen resultierende Nutzen für den Menschen wirklich das angewandte Maß an Gewalt rechtfertigt, das den Versuchstieren angetan wird.[21]

---

20 Vgl. Christoph Dohmen: Mitgeschöpflichkeit und Tierfriede, Bibel und Kirche 60/1 (2005), S. 26-31, mit Zitat.
21 Vgl. Heinrich W. Grosse: Christliche Verantwortung und Experimentelle Medizin. Versuche mit und am Menschen, Tierversuche, ALTEX 19/4 (2002), S. 195-202.

Die Position der Evangelischen Kirche in Deutschland (EKD) zu Tierversuchen

Das Thema des Tierschutzes und der Tiergerechtigkeit wurde spätestens seit den 1980er Jahren von Seiten der Evangelischen Kirchen in Deutschland und den Mitgliedskirchen – oft in ökumenischer Zusammenarbeit – in verschiedenen Zusammenhängen immer wieder behandelt. Wohl aufgrund erheblicher Meinungsverschiedenheiten fehlte aber weiterhin ein Beitrag, der sich grundlegend mit dem Verhältnis des Menschen zum Tier befasste. 1991 wurde diese Lücke geschlossen, indem der Wissenschaftliche Beirat des Beauftragten für Umweltfragen des Rates der Evangelischen Kirche in Deutschland (EKD) den Diskussionsbeitrag „Zur Verantwortung des Menschen für das Tier als Mitgeschöpf" veröffentlichte.[22]

Zunächst einmal wird auf die Unterschiede, ja Gegensätze in den Auffassungen über Tierversuche hingewiesen, die sich nicht vollständig ausräumen ließen: „Wer [...] der Nutzung von Tieren bis hin zu ihrer Tötung durch die Menschen zustimmt, der wird sich prinzipiell auch nicht gegen Tierversuche wenden. Wer hingegen [...] die Rechtfertigungsgründe für die Tötung von Tieren sehr restriktiv faßt und die Tötung nur zur Abwehr von Gefahren und zur Deckung des elementaren Lebensbedarfs zuläßt, der wird Tierversuche nur in äußerst begrenztem Umfang oder überhaupt

---

[22] Zur Entstehungsgeschichte des Diskussionsbeitrags und zu den Diskussionen siehe Stefan Schleißing, Herwig Grimm: Tierethik als Thema der Theologie und des kirchlichen Handelns, Kirchliches Jahrbuch für die Evangelische Kirche in Deutschland 2010, 137 (2012), S. 45-86. Mit der Herrschaft des Menschen über die Tiere befasste sich bereits 1985 die Gemeinsame Erklärung des Rates der Evangelischen Kirche in Deutschland und der Deutschen Bischofskonferenz mit dem Titel „Verantwortung wahrnehmen für die Schöpfung", in der es heißt: „Innerhalb der Schöpfungsordnung kommt dem Menschen in Unterscheidung von den Mitgeschöpfen eine Sonderstellung zu. ‚Macht euch die Erde untertan und herrscht über alle Tiere!', so läßt sich der göttliche Weltauftrag in knapper Form wiedergeben. Die beiden Schlüsselworte ‚untermachen/unterwerfen' und ‚herrschen' müssen weit behutsamer gedeutet werden, als dies vielfach geschah. Sie dürfen nicht im Sinne von ‚Unterdrückung' und ‚Ausbeutung' verstanden werden." Die Gemeinsame Erklärung findet sich im Internet unter https://www.ekd.de/umwelt/tier_1991_anhang.html (19.05.2017).

nicht akzeptieren. Bei Fortbestehen dieses Dissenses, auch in der Kirche, ist das Maß der Übereinstimmung gleichwohl groß".

Im Folgenden werden die wesentlichen Übereinstimmungen genannt: „Die Zahl der Tierversuche muß so weit wie möglich gesenkt werden. Darum sind der Einsatz von Ersatzmethoden (wie Tests an Zellkulturen) und die Forschung an solchen Ersatzmethoden voranzutreiben. Vor allem müssen in der Genehmigungspraxis entschieden höhere Anforderungen an den Versuchszweck gestellt werden als bisher. [...] Schmerzen und Leiden müssen bei den Versuchstieren auf das unvermeidliche Maß eingeschränkt werden. Bei Tierversuchen werden immer noch zu viele und zu sensible Tiere eingesetzt."[23]

Es wird also deutlich, dass es in der Evangelischen Kirche im Hinblick auf Tierversuche erhebliche Meinungsverschiedenheiten gibt. Trotz der Meinungsverschiedenheiten lassen sich allerdings auch Übereinstimmungen ausmachen. Diese stellen im Kern die Forderung nach einer restriktiveren Handhabung der Tierversuche dar.

Die Position der Katholischen Kirche zu Tierversuchen

Die wesentlichen Glaubensgrundlagen der Katholischen Kirche finden sich im Katechismus. In den Paragrafen 2415-2416 wird dargelegt, dass das siebte Gebot (= „Du sollst nicht stehlen") verlange, die Unversehrtheit der Schöpfung zu achten. Da auch die Tiere Geschöpfe Gottes seien, schuldeten ihnen die Menschen Wohlwollen. Paragraf 2417 befasst sich dann mit der Herrschaft des Menschen über die Tiere und legt dar, was dem Menschen im Rahmen dieser Herrschaft erlaubt. Gott hat die Tiere unter die Herrschaft des Menschen gestellt, den er nach seinem Bild geschaffen hat (vgl. Gen 2, 19-20; 9,1-14). Somit darf man sich der Tiere zur Ernährung und zur Herstellung von Kleidern bedienen. Man darf sie zähmen, um sie dem Menschen bei der Arbeit und in der Freizeit dienstbar zu machen. Medizinische und wissenschaftliche

---

23 Der Diskussionsbeitrag „Zur Verantwortung des Menschen für das Tier als Mitgeschöpf", aus dem die Zitate entnommen sind, findet sich im Internet unter https://www.ekd.de/EKD-Texte/tier_1991_tier4.html (19.05.2017).

Tierversuche sind in vernünftigen Grenzen sittlich zulässig, weil sie dazu beitragen, menschliches Leben zu heilen und zu retten."[24]

Es fällt in der deutschen Übersetzung des Katechismus der Katholischen Kirche das Wort „weil" auf: „Medizinische und wissenschaftliche Tierversuche sind in vernünftigen Grenzen sittlich zulässig, weil sie dazu beitragen, menschliches Leben zu heilen und zu retten." Damit wird Tierversuchen von vornherein eine fast unbeschränkte Legitimation verliehen. Dies entspricht dem französischen Originaltext des Katechismus, wo sich das Wort „puisque" (= „weil") findet. In dieser Fassung ist der Katechismus am 16. November 1992 in Paris der Öffentlichkeit vorgestellt worden. Als ihn am 7. Dezember der Papst Johannes Paul II. formell der Christenheit übergab, lag er in italienischer, spanischer und englischer Sprache vor. Weitere Übersetzungen in andere Sprache folgten. Der offizielle lateinische Text erschien ein wenig später. Dadurch konnten Erfahrungen einfließen, die sich beim Prozess der Übersetzungen ergeben hatten. 1997 wurde der Text jedoch revidiert und in der französischen Ausgabe das Wort „puisque" (= „weil") durch das Wort „pourvu que" (= „wenn") ersetzt. Dem entspricht das Wort „si" der offiziellen lateinischen Fassung. Demnach sind medizinische und wissenschaftliche Tierversuche nur dann in vernünftigen Grenzen sittlich zulässig, wenn sie dazu beitragen, menschliches Leben zu heilen und zu retten. Die Änderung der Formulierung ist also fälschlicherweise nicht in den deutschen Text übernommen worden.[25]

Auf Grundlage der revidierten Textfassung schreibt Papst Franziskus in seiner Enzyklika „Laudato si' – Über die Sorge für das gemeinsame Haus", dass der Katechismus lehre, dass Tierversuche nur dann legitim sind, wenn sie in vernünftigen Grenzen bleiben und dazu beitragen, menschliches Leben zu heilen und zu retten. Er erinnere mit Nachdruck daran, dass die menschliche Macht

---

24 Zitiert aus http://www.vatican.va/archive/DEU0035/_P8H.HTM (19.05.2017).
25 Vgl. Kurt Remele: Die Würde des Tieres ist unantastbar: eine neue christliche Tierethik, Kevelaer 2016, S. 125-135. Zur Entstehung des Katechismus siehe http://www.kathpedia.com/index.php?title=Katechismus_der_Katholischen_Kirche. Der Katechismus der Katholischen Kirche ist in den verschiedenen Sprachen zugänglich unter http://www.vatican.va/archive/ccc/index_ge.htm (jeweils 19.05.2017).

Grenzen hat: Es widerspreche der Würde des Menschen, Tiere nutzlos leiden zu lassen und zu töten. Jede Nutzung und jedes Experiment verlange Ehrfurcht vor der Unversehrtheit der Schöpfung.[26]

---

[26] Vgl. http://www.dbk-shop.de/media/files_public/yyyfrpbvvhi/DBK_202.pdf (19.05.2017).

Gefühlloses Wesen oder Mitgeschöpf? - Unterschiedliche Einstellungen zum Tier

Sind Tierversuche ethisch vertretbar? Die Antwort auf diese Frage hängt entscheidend von der Einstellung zum Tier ab: Ist das Tier dem Menschen untergeordnet? Oder sind ihm eigene Rechte zu gewähren? Falls dies der Fall ist: Wie weit sollen diese Rechte gehen? Die grundlegende Sicht bei Tierversuchen ist es, die Tiere zwar zu schützen, sie aber dem Menschen unterzuordnen. Wenn es um die Wissenschafts- und Forschungsfreiheit sowie den Gesundheitsschutz geht, dürfen Tiere für Versuche herangezogen werden. Diese Sicht entspringt dem Forschergeist und stellt den Menschen in den Mittelpunkt. Sie ist jedoch nicht unumstritten.

Tierversuch statt Menschenversuch - ethisch vertretbar?

Tierversuche erfolgen gewöhnlich, um wissenschaftliche Erkenntnisse zu erlangen und um Menschen vor schädlichen Substanzen von Stoffen zu schützen. Die wissenschaftlichen Erkenntnisse und der Schutz vor schädlichen Substanzen betreffen meist den Menschen und kommen nur an zweiter Stelle - insbesondere in der Tiermedizin - den Tieren zugute. Da wäre es eigentlich nahe liegend, die Versuche direkt an Menschen durchzuführen. Dagegen wird jedoch gewöhnlich das Argument vorgebracht, dass es ethisch nicht vertretbar sei, Menschenleben für die Versuche zu gefährden. Tiere seien mit den Menschen nicht gleichzusetzen und diesen unterzuordnen. Bevor also beispielsweise die Wirkstoffe eines Medikamentes an Menschen getestet werden, werden sie erst einmal langwierigen Testverfahren unterzogen, an deren Ende oftmals Tierversuche stehen. Aber worin liegt der entscheidende Unterschied zwischen dem Menschen und dem Tier, der Tierversuche eher ethisch vertretbar als Menschenversuche erscheinen lässt? Und: Ist es überhaupt sachgemäß zwischen Menschen und Tieren zu unterscheiden und letztere zugunsten der

Wissenschaft und der Gesundheit ders Menschen zu opfern? Auf diese Fragen gibt es sehr unterschiedliche Antworten.

René Descartes: Tiere als „Maschinen"

René Descartes (1596-1650) macht im fünften Abschnitt des 1637 erschienenen „Berichtes von der Methode" zwei wesentliche Unterschiede zwischen dem Tier und dem Menschen aus: die Sprache und die Vernunft. So schreibt er: „Denn es ist sehr bemerkenswert, dass es überhaupt keine so stumpfsinnigen und dummen Menschen gibt, sogar die Wahnsinnigen nicht ausgenommen, die nicht fähig wären, verschiedene Worte zusammenzustellen und aus ihnen einen Text zusammenzustellen, durch den sie ihre Gedanken einsichtig machen, während es überhaupt kein anderes Tier gibt, das ähnliches zuwege brächte, so vollkommen und vorteilhaft veranlagt auch immer es sein mag."[27]

Die Theorie von Descartes ist als eine Auseinandersetzung mit den Gedanken der beiden Philosophen Aristoteles (384 - 322 v. Chr.) und Michel de Montaigne (1533 - 1592) zu verstehen. Aristoteles ging davon aus, dass der Körper potenziell Leben habe und durch die Seele belebt werden könne. Im Gegensatz zu den Nichtlebewesen hätten Lebewesen eine solche Seele. Dabei unterscheidet Aristoteles unterschiedliche Seelenvermögen: Pflanzen besäßen das vegetative Seelenvermögen (lateinisch: anima vegetativa), das für die Fortpflanzung, das Wachstum und den Stoffwechsel verantwortlich sei. Alle Tiere verfügten darüber hinaus auch eine sensitive Seele (lateinisch: anima sensitiva), also die Fähigkeit zu Sinneswahrnehmung und - bei höher entwickelten Tieren - zu selbstständiger Fortbewegung. Nur der Mensch verfüge schließlich auch noch über ein drittes Seelenvermögen, nämlich das intellektuelle (lateinisch: anima intellectiva). Dabei handele es sich um die Vernunft, also um das Denken und Wollen. Aristoteles trennt nicht streng zwischen Seele und Körper, sondern er sieht beide in einem Zusammenhang: Die Seele sei „Form" und der Körper sei „Stoff" oder „Materie", der bzw. die geformt wird.

---

27 Zitiert aus René Descartes: Discours de la Méthode: Französisch - Deutsch, Hamburg 2011, S. 99.

Descartes schränkt die Seele auf die Vernunft ein und kommt somit zu dem Ergebnis, dass Tiere im Gegensatz zu den Menschen keine Seele hätten. Die Tiere hätten zwar Leben, wobei dieses jedoch durch das Herz bewirkt werde, womit eine vegetative Seele überflüssig sei. Ebenso wie der Mensch, mit dem sie in dieser äußerlichen Hinsicht identisch sei, besäßen die Tiere eine ausgedehnte Substanz (lateinisch: res extensa), nämlich den Körper. Ihre Sinneswahrnehmung sei jedoch nicht auf eine sensitive Seele zurückzuführen, sondern ausschließlich auf körperliche Vorgänge. Auch für die Bewegung bedürfe es keiner sensitiven Seele, denn der Körper werde nicht bewegt, sondern er bewege sich selbst. Insofern sei er eine Maschine (oder: ein Automat). Weil das Tier im Gegensatz zum Menschen über den Körper hinaus keine intellektuelle Seele - von Descartes als „geistige Substanz" (lateinisch: res cogitans) bezeichnet - habe, sei es letztendlich nichts weiter als eine Maschine. Hinsichtlich des inneren Vermögens seien Mensch und Tier also gänzlich verschieden.

Descartes sieht keine Ähnlichkeit von Mensch und Tier hinsichtlich Sprach-, Denk- und Moralfähigkeiten; im Gegensatz zu Michel de Montaigne, der den Hochmut der Menschen gegenüber den Tieren als angeblich weniger befähigten Wesen kritisierte. Die von Montaigne vorgebrachten Argumente überzeugten Descartes nicht. Die scheinbar so klugen Verhaltensweisen seien rein mechanistisch zu erklären. Natürlich könnten auch Elstern und Papageien Worte äußern wie die Menschen, aber sie könnten niemals Worte oder andere Zeichen gebrauchen, indem sie sie wie die Menschen zusammensetzen, um anderen ihre Gedanken kundzutun. Und natürlich gebe es etliche Tiere, die bei einigen ihrer Tätigkeiten mehr Einfallsreichtum als die Menschen zeigten; bei vielen anderen Tätigkeiten allerdings überhaupt nicht. Die Tiere hätten keinen Geist, sondern es sei die Natur, die in ihnen entsprechend der Anordnung ihrer Organe tätig sei. So sehe man ja auch, dass eine Uhr, die nur aus Rädern und Triebfedern zusammengesetzt ist, die Stunden zählen und die Zeit genauer messen kann als der Mensch mit all seiner Klugheit.[28]

Das Tier als gefühlloses Wesen? - Descartes missverstanden

Descartes' Ansicht, wonach es sich bei den Tieren um seelenlose Wesen, um „Maschinen" handele, leistete dem Missverständnis Vorschub, dass die Tiere auch gefühllos seien. Zwar würden sie schreien, aber ihr Schrei sei rein mechanistisch zu verstehen, so wie eine Orgel einen Ton gibt, wenn man eine Taste schlägt. Ein solches Verständnis führte dazu, dass Tiere als Objekte angesehen wurden, die man bedenkenlos für Versuche und wirtschaftliche Absichten verwenden und denen man bedenkenlos Schmerzen zufügen könne. Betäubung schien bei solch gefühllosen Wesen überflüssig zu sein. Diese Haltung führte dazu, dass Voltaire in seinem Philosophischen Wörterbuch vehement protestierte: „Barbaren ergreifen den Hund, der den Menschen an Treue so außerordentlich übertrifft; sie nageln ihn auf einen Tisch und sezieren ihn lebendig, um die Darmvenen zu zeigen. Man entdeckt die gleichen Gefühlsorgane, die wir selbst haben. Antworte mir, Maschinist, hat die Natur all die Gefühlsorgane in diesem Tier so angeordnet, dass es nichts fühlt?"[29]

Vermutlich ist auch Descartes davon ausgegangen, dass Tiere Schmerz empfinden können. Demnach wären Tiere empfindungsfähige Maschinen; allerdings hätten sie den Schmerz nicht bewusst empfunden.

Jeremy Bentham und Humphry Primatt: Die

---

28 Vgl. Texte zur Tiertheorie, hrsg. von R. Borgards, E. Köhring, A. Kling, Stuttgart 2015, S. 36-63; Markus Wild: Die anthropologische Differenz: Der Geist der Tiere in der frühen Neuzeit bei Montaigne, Descartes und Hume, Berlin - New York 2006; Zitat nach René Descartes: Discours de la Méthode: Französisch - Deutsch, Hamburg 2011, S. 99.
29 Voltaire, Dictionnaire philosophique, éd. par Voltaire Foundation, vol. 1, Oxford 1994, S. 413; deutsch zitiert aus Brenda Almond, Ethik und Ästhetik, in: David Papineau [Hrsg.], Philosophie: eine illustrierte Reise durch das Denken, Darmstadt 2006, S. 166.

Empfindungs- und Leidensfähigkeit von Tieren ist Verhaltensmaßstab

Der englische Philosoph Jeremy Bentham (1748 - 1832) gilt als Begründer des Utilitarismus. Diese Lehre erklärt, dass es die Pflicht des Einzelnen und der Regierung sei, in der Gesellschaft das Glück - hier als Freude begriffen - zu befördern und den Schmerz einzudämmen. Dabei beziehe sich das Glück nie auf ein Einzelwesen, sondern immer auf ein Kollektiv. Somit dürfe es im ethischen und rechtlichen Handeln nie nur um das eigene Glück, sondern es müsse immer auch um das Glück des oder der anderen gehen. Empfänglich für Glück seien zum einen andere Menschen, zum anderen aber auch die Tiere. Deren Interessen seien aufgrund der Gefühllosigkeit der Juristen des Altertums vernachlässigt worden, was dazu geführt habe, dass sie in die Klasse der Dinge degradiert worden sind. In einer Fußnote seiner Schrift „Einführung in die Prinzipien der Moral und der Gesetzgebung" von 1789 kommt er auf die Geschichte des Tierleids und die Rechtlosigkeit zu sprechen und fordert sowohl für die Sklaven als auch für die Tiere Rechte ein. Der andersartige Körperbau der Tiere könne ja wohl kein Kriterium dafür sein, den Tieren die Rechte von (freien) Menschen vorzuenthalten und sie zu quälen. Überhaupt lasse sich keine unüberwindbare Trennlinie zwischen Mensch und Tier ziehen, etwa unter Bezug auf die Fähigkeit der Vernunft oder die Fähigkeit der Rede. So schreibt er: „Doch ein ausgewachsenes Pferd oder ein ausgewachsener Hund ist über jeden Vergleich hinaus ein verständigeres wie auch ein mitteilsameres Tier als ein Säugling, der erst einen Tag, eine Woche oder meinethalben sogar einen Monat alt ist. Doch nehmen wir an, dem wäre nicht so, was würde das ändern? Die Frage ist nicht: Können sie denken?, noch: Können sie sprechen? sondern : Können sie leiden?" Die Leidensfähigkeit des Tieres sei also beim Umgang mit dem Tier zu berücksichtigen.[30]

Aus den Aussagen von Bentham ist eine deutliche Abgrenzung von Descartes herauszulesen. Ganz neu ist seine Argumentation allerdings nicht, denn schon einige Jahre zuvor hat der anglikanische Geistliche im Ruhestand, Humphry Primatt, in seiner Abhandlung

---

30   Vgl. Vgl. Texte zur Tiertheorie, hrsg. von R. Borgards, E. Köhring, A. Kling, Stuttgart 2015, S. 63-65 mit Zitat.

„Die Pflicht der Barmherzigkeit und die Sünde der Grausamkeit gegenüber Tieren" ähnliche Gedanken geäußert. Primatt schrieb im Jahre der Unabhängigkeitserklärung der dreizehn britischen Kolonien, (1776,) und zwar im Lichte der dort noch herrschenden Versklavung von Menschen dunkler Hautfarbe. Dementsprechend trat er in seiner Abhandlung zunächst für die Gleichheit von Menschen verschiedener Hautfarbe ein und wendete dann die Argumente für Gleichheit und Gerechtigkeit unter Menschen auch auf die Beziehung des Menschen zu den Tieren an. Er schrieb: „Wenn also menschliche Unterschiede in Intelligenz, Hautfarbe, Gestalt und Schicksal keinem Menschen das Recht geben, einen anderen Menschen aufgrund dieser Unterschiede zu missbrauchen oder zu beleidigen, hat auch kein Mensch ein naturgegebenes Recht, ein Tier zu missbrauchen oder zu quälen, nur weil es weniger intelligent ist als ein Mensch." Einer der Hauptgründe, warum Menschen Tiere respektvoll zu behandeln haben, liegt für Primatt in ihrer Empfindungsfähigkeit.[31]

Immanuel Kant: Schonende Behandlung von Tieren als moralische Pflicht

Immanuel Kant (1724-1804) ist ein Gegner des Utilitarismus. Ihm geht es nicht um Glückseligkeit, sondern er ist Vertreter einer Ethik, die auf Pflicht beruht. Auch die „Enthaltung von gewaltsamer und zugleich grausamer Behandlung der Tiere" sieht er unter dem Gesichtspunkt der Pflicht.

Die Einstellung von Kant gegenüber Tieren liegt auf der gleichen Linie wie die des mittelalterlichen Kirchenlehrers Thomas von Aquin. Thomas von Aquin vertrat die Ansicht, dass nur der Mensch eine Seele besitze, die Tiere nicht. Moralische Verpflichtungen im eigentlichen Sinne könne der Mensch aber nur gegenüber seinesgleichen und Gott haben. Diese auf den Menschen fixierten Sichtweise liegt auch seiner Einstellung gegenüber den Tieren zugrunde: Tiere empfänden wie die Menschen Schmerzen. Es liege nahe, dass derjenige, der mit den Schmerzen der Tiere Mitgefühl

---

31 Vgl. Kurt Remele: Die Würde des Tieres ist unantastbar. Eine neue christliche Tierethik, Kevelaer 2016, S. 30-31 mit Zitat.

zeigt, daraus empfänglicher wird für Gefühle des Erbarmens den Menschen gegenüber.

Bei Kant wird die Auffassung von Thomas von Aquin säkularisiert, indem an die Stelle der unsterblichen Seele der Besitz der Vernunft tritt: Pflichten könnten nur Vernunftwesen haben, und diese könnten auch nur gegenüber Vernunftwesen bestehen. So seien wir zwar verpflichtet, Tiere schonend zu behandeln, aber nicht um des Tieres, sondern um des Menschen willen. Wenn wir Tiere grausam behandeln, so sei das nur deshalb moralisch unzulässig, weil eine Gewöhnung an brutalen Umgang mit Tieren die Bereitschaft zur Moralität im Umgang mit anderen Menschen schwächen würde.[32]

Albert Schweitzer: Ehrfurcht vor dem Leben

Der Philosoph, evangelische Theologe und Arzt Albert Schweitzer (1875-1965) kritisiert in seinem Werk „Kultur und Ethik" von 1960, dass es dem europäischen Denken als ein Dogma gelte, dass die Ethik es eigentlich nur mit dem Verhalten des Menschen zum Menschen und zur Gesellschaft zu tun habe. Auch die Philosophen Descartes, Bentham und Kant seien diesem Denken verfallen.

Tatsächlich bestehe Ethik darin, dass ich die Nötigung erlebe, allem Willen zum Leben die gleiche Ehrfurcht vor dem Leben entgegenzubringen wie dem eigenen. Damit sei das denknotwendige Grundprinzip des Sittlichen gegeben. Gut sei, Leben zu erhalten und zu fördern; böse sei, Leben zu vernichten und zu hemmen. Ethik sei eine ins Grenzenlose erweiterte Verantwortung gegen alles, was lebt.

Diese alles Leben umfassende Ehrfurcht vor dem Leben präge das Verhalten des Einzelnen: „Wahrhaft ethisch ist der Mensch nur, wenn er der Nötigung gehorcht, allem Leben, dem er beistehen kann, zu helfen, und sich scheut, irgendetwas Lebendigem Schaden zu tun. Er fragt nicht, inwiefern dieses oder jenes Leben als wertvoll Anteilnahme verdient, und auch nicht, ob und inwieweit es noch

---

32　Vgl. Günther Patzig, Der wissenschaftliche Tierversuch, in: U. Wolf [Hrsg.], Texte zur Tierethik, Stuttgart 2008, S. 253-258.

empfindungsfähig ist. Das Leben als solches ist ihm heilig. Er reißt kein Blatt vom Baume ab, bricht keine Blume und hat acht, dass er kein Insekt zertritt. Wenn er im Sommer nachts bei der Lampe arbeitet, hält er lieber das Fenster geschlossen und atmet dumpfe Luft, als dass er Insekt um Insekt mit versengten Flügeln auf seinen Tisch fallen sieht."[33]

Wo man irgendwelches Leben schädige, müsse man sich darüber klar sein, ob es notwendig ist. Man dürfe sich bei Tierversuchen nie allgemein damit beruhigen, dass die Resultate den Menschen helfen könnten. In jedem einzelnen Fall müsse man erwägen, ob es wirklich notwendig ist, einem Tier dieses Opfer für die Menschheit aufzuerlegen. Die Menschen müssten ängstlich darum besorgt sein, das Leid der Tiere so weit wie möglich zu mildern. In wissenschaftlichen Instituten werde gefrevelt, indem man Narkosen der Zeit- und Müheersparnis halber unterlasse und Tiere der Qual unterwerfe, nur um Studierenden allgemein bekannte Phänomene zu demonstrieren..[34]

Es fällt auf, dass Schweitzer Tierversuche nicht radikal ablehnt, wie er auch kein konsequenter Vegetarier oder Veganer war. Die Ehrfurcht vor dem Leben versteht er nicht als ein Moralgesetz, sondern vielmehr als eine Lebenshaltung, als eine religiöse Erfahrung.[35]

Peter Singer: Die Interessen der Tiere berücksichtigen

Der australische Philosoph Peter Singer (geb. 1946) ist wie Jeremy Bentham ein Utilitarist, wobei er das Hauptaugenmerk nicht auf das legt, was Lust vermehrt und Unlust verringert, sondern auf das, was die Interessen der Betroffenen fördert. Dabei sei die Grundvoraussetzung dafür, überhaupt Interessen haben zu können, die Fähigkeit zu leiden und sich zu freuen. Menschen hätten Interessen, Tiere ebenfalls. Im Hinblick auf Tierversuche hätten die Menschen Interesse an den Versuchen, weil sie ihnen zu neuen Erkenntnissen und zu Gesundheitsschutz

---

33 Zitiert aus Albert Schweitzer, Kultur und Ethik, München 1960, S. 331.
34 Vgl. Albert Schweitzer, Kultur und Ethik, München 1960, S. 328-341.
35 Vgl. https://albert-schweitzer-stiftung.de/wp-content/uploads/pdf/schweitzer-vegan.pdf

verhelfen. Die Tiere dagegen hätten das Interesse, nicht gequält zu werden und nicht zu leiden. Die Interessen von Menschen und Tieren seien gleichermaßen zu berücksichtigen. Singer kritisiert, dass die Experimentierenden stets zugunsten ihrer eigenen Gattung voreingenommen seien: dem Menschen. Menschenaffen, kleinere Affen, Hunde, Katzen und selbst Mäuse und Ratten seien intelligenter, hätten ein stärkeres Bewusstsein von dem, was mit ihnen geschieht, und seien schmerzempfindlicher usw. als viele schwer hirngeschädigte Menschen, die in Krankenhäusern und anderen Institutionen nur gerade noch überlebten. Solche Menschen besäßen keine moralisch relevanten Eigenschaften, die nichtmenschliche Lebenwesen nicht auch hätten. Somit wäre es durchaus möglich, die Versuche an diesen schwer hirngeschädigten Menschen statt an Tieren durchzuführen. Dass dies nicht getan wird, erklärt Singer damit, dass die Rechte der Gattung Tier zugunsten der Gattung Mensch missachtet werden. Diese Benachteiligung allein aufgrund der Gattung bezeichnet er als „Speziesismus" (vom lateinischen Begriff „species" = „Gattung/Art").

Der Begriff „Speziesismus„ geht auf den britischen Philosophen und Psychologen Richard Ryder zurück. Nach Ryder und Singer bestehe eine große Ähnlichkeit zwischen Rassismus, der bestimmte Menschen wegen ihrer Hautfarbe diskriminiert, Sexismus, der bestimmte Menschen wegen ihrer Geschlechtszugehörigkeit benachteiligt, und Speziesismus, der bestimmte Lebewesen wegen ihrer Zugehörigkeit zu einer nichtmenschlichen Gattung zurücksetzt.[36]

Tom Regan: Rechte für Tiere!

Der amerikanische Philosoph Tom Regan (geb. 1983) kritisiert, dass der Utilitarismus dem Individuum zu wenig Bedeutung beimesse. Bei ihm habe die Befriedigung der Interessen eines Individuums Wert, nicht das Individuum an sich, um dessen Interessen es sich handelt. Auch würden die Befriedigungen oder

---

36 Vgl. Peter Singer: Rassismus und Speziesismus, in: U. Wolf [Hrsg.], Texte zur Tierethik, Stuttgart 2008, S. 25-32; Peter Singer: Tierversuche, in: U. Wolf [Hrsg.], Texte zur Tierethik, Stuttgart 2008, S. 232-235; Kurt Remele: Die Würde des Tieres ist unantastbar. Eine neue christliche Tierethik, Kevelaer 2016, S. 34-36.

Frustrationen der einzelnen Individuen zusammengezählt. Wenn dies einer Vielzahl anderer Individuen einen großen Nutzen bringt, dürfe ein Individuum getötet werden.

Dass die utilitaristische Position zu Ergebnissen führe, die unvoreingenommene Menschen moralisch herzlos finden, veranschaulicht Regan an einem drastischen Beispiel: So könne er seine unsympathische und ziemlich reiche, aber nicht körperlich kranke „Tante Bea" umbringen, um an ihr Geld zu kommen. Um eine hohe Besteuerung zu vermeiden, könne er eine ansehnliche Summe dem örtlichen Kinderkrankenhaus spenden. Viele, viele Kinder würden von seiner Großzügigkeit profitieren, und dies würde ihren Eltern, Verwandten und Freunden sehr viel Freude bereiten. Aus utilitaristischer Sicht hätte er nicht falsch, sondern richtig gehandelt, weil die Ermordung der „Tante Bea" für viele Menschen einen großen Nutzen gehabt hätte. Tatsächlich sei diese Bewertung aber falsch, weil der gute Zweck nicht das schlechte Mittel heilige.

Regan vertritt die Ansicht, dass Tiere - im Blick hat er geistig normal entwickelte Säugetiere, die ein Jahr oder älter sind - wie Menschen (als „menschliche Tiere" verstanden) als Individuen und empfindende Subjekte eines Lebens gleichermaßen einen eigenständigen Wert hätten. Sie hätten einen Rechtsanspruch darauf, mit Rücksicht behandelt und nicht getötet zu werden.[37]

Andrew Linzey: Tierversuche als widergöttliche Opfer

Bei der Ethik der Großzügigkeit stehen - wie bei der Care-Ethik - nicht Theorien der Güterabwägung und Rechtsnormen im Vordergrund, sondern die persönliche Beziehung zu jedem einzelnen Tier und seinem Schicksal. Sie geht davon aus, dass der Status der Tiere demjenigen von Kindern ähnlich sei. Beide, Kinder und Tiere, seien nicht oder nur begrenzt zustimmungs- und ablehnungsfähig, beide könnten ihre Interessen nicht mit Worten formulieren, beide seien schuldunfähig, verwundbar und weitgehend wehr- und machtlos. Deshalb sollten sie nicht bloß den

---

37 Vgl. Tom Regan, Wie man Rechte für Tiere begründet, in: U. Wolf [Hrsg.], Texte zur Tierethik, Stuttgart 2008, S. 33-39; Kurt Remele: Die Würde des Tieres ist unantastbar. Eine neue christliche Tierethik, Kevelaer 2016, S. 36.

gleichen Anspruch auf die Hilfe Erwachsener haben wie andere Gruppen, sondern einen größeren und besonderen. Einer der Hauptvertreter der Ethik der Großzügigkeit ist der anglikanische Priester und Theologe Andrew Linzey (geb. 1952), der auch das Oxford Center for Animal Ethics leitet.[38]

Linzey vertritt die Ansicht, dass es sich bei den Tierversuchen um widergöttliche Opfer handele. Dabei macht er deutlich, dass Tiere ebenso wie die Menschen Geschöpfe Gottes seien. Somit hätten sie bei Gott einen Wert und somit sollten sie auch bei den Menschen Wert haben. Insofern dürften sie nicht von den Menschen nach Belieben für die eigenen Zwecke und das eigene Wohlergehen benutzt werden. Tiere seien keine Geschöpfe von geringerem Wert als die Menschen und dürften daher auch nicht für irgendeinen Vorteil der Menschen geopfert werden. Opfer seien aus Sicht der Bibel ausschließlich für Gott bestimmt, nicht für Menschen. Und aus christlicher Sicht sei ein Opfer ein Opfer aus freien Stücken. So habe sich Jesus Christus nicht unter Zwang einem zornigen Gott zu dessen Besänftigung hingeben müssen, sondern er habe dies freiwillig getan, und zwar aus Liebe zu den Menschen. Tiere dagegen würden den Menschen zwangsweise hingegeben und könnten sich dagegen nicht wehren.[39]

---

38   Vgl. Kurt Remele: Die Würde des Tieres ist unantastbar. Eine neue christliche Tierethik, Kevelaer 2016, S. 36-37.
39   Vgl. Andrew Linzey: Animal Theology, Urbana - Chicago 1995, S. 95-113.

Recht und Wirtschaft

Genehmigungsverfahren für Tierversuche in Deutschland

Tierversuche stellen einen gravierenden Eingriff in die Unversehrtheit von Tieren dar. Daher werden sie nur unter bestimmten Voraussetzungen zugelassen. Zu den Voraussetzungen gehört gemäß dem deutschen Tierschutzgesetz insbesondere, dass sie „unerlässlich" oder vorgeschrieben sind.

Was sind Tierversuche?

Zunächst einmal stellt sich die Frage, wie Tierversuche definiert werden. Laut dem deutschen Tierschutzgesetz handelt es sich bei Tierversuchen um Eingriffe oder Behandlungen an Tieren, die der Beantwortung einer wissenschaftlichen Fragestellung dienen und die mit Schmerzen, Leiden oder Schäden für diese Tiere oder ihre Nachkommen einhergehen können. Ebenso fallen die Veränderung des Erbguts von Tieren und die Zucht genetisch veränderter Tierlinien unter den Begriff des Tierversuchs, wenn die Nachkommen aufgrund der genetischen Veränderungen Schmerzen, Leiden oder Schäden erfahren können. Und schließlich gelten auch Eingriffe und Behandlungen an Tieren, die der Herstellung von Stoffen und Produkten (z. B. Antikörper), der Vermehrung von Organismen oder der Entnahme von Organen oder Geweben zu wissenschaftlichen Zwecken dienen, als Tierversuche.[40] Das Töten von Tieren allein zu diesen Zwecken gilt dagegen nicht als Tierversuch.[41]

---

[40] Vgl. http://www.bfr.bund.de/cm/343/fragen-und-antworten-zu-tierversuchen-und-alternativmethoden.pdf (19.05.2017); ähnlich Art. 3, 2010/63/EU.
[41] Vgl. Cornelia Exner, Tierversuche in der Forschung, hrsg. von der Senatskommission für tierexperimentelle Forschung der Deutschen Forschungsgemeinschaft, Bonn 2016, S. 9, außerdem Art. 3, 2010/63/EU.

Da niemand ohne vernünftigen Grund Tieren Schmerzen, Leiden oder Schäden zufügen darf, müssen Tierversuche erfasst und von einer Behörde genehmigt werden. Dabei gilt das Gesetz für Wirbeltiere (Säugetiere, Vögel, Reptilien, Amphibien und Fische) sowie Tintenfische (Kephalopoden = Kopffüßer) und höhere Krebse (Dekapoden = Zehnfußkrebse) wie den Hummer. Tintenfische und höhere Krebse stehen auf einer Stufe mit den Wirbeltieren, was ihre Fähigkeit zur Verarbeitung von Sinneseindrücken betrifft. Versuche mit anderen wirbellosen Tieren - etwa Fliegen, Schnecken oder Fadenwürmern - unterstehen nicht diesem Gesetz und werden auch nicht statistisch gezählt.[42]

Zulässigkeit von Tierversuchen

Tierversuche dürfen nur zu folgenden Zwecken durchgeführt werden:

1. Grundlagenforschung
2. Vorbeugen, Erkennen oder Behandeln von Krankheiten
3. Schutz der Umwelt
4. Qualitätskontrolle, Prüfung der Wirksamkeit und Unbedenklichkeit von Stoffen und Produkten
5. Prüfung von Schädlingsbekämpfungsmittteln
6. Arterhaltung
7. Aus-, Fort- und Weiterbildung
8. Gerichtsmedizinische Untersuchungen[43]

Voraussetzung für die Genehmigung von Tierversuchen zu diesen Zwecken ist, dass sie „unerlässlich" sind. Von den Forschenden wird also erwartet, dass sie sich bei der Planung des Versuchs über den Stand der Forschung informieren und

---

42 Vgl. Verband Forschender Arzneimittelhersteller e. V. [Hrsg.], Tierversuche und Tierschutz in der Pharmaindustrie - Trends und Alternativen, Berlin 2012, S. 4.
43 Vgl. Corina Gericke, Was Sie schon immer über Tierversuche wissen wollten. Ein Blick hinter die Kulissen, 3., akt. Aufl., Göttingen 2015, auf Grundlage von § 7a Abs. 1 TierSchG. Mit dem Dritten Gesetz zur Änderung des Tierschutzgesetzes vom 04.07.2013 wurden die erlaubten Zwecke von vier auf acht erweitert (BGBl. I S. 2185).

abwägen, ob das Vorhaben über die bereits vorhandenen Erkenntnisse hinausführen kann. „Unerlässlich" ist ein Versuch nur, wenn es, gemessen am verfolgten Zweck, keine gleichwertige Alternative gibt. Der Antrag auf Genehmigung ist nach einem in der Versuchstiermeldeverordnung vorgegebenen Muster an die zuständige Behörde (meist Ministerien oder Regierungspräsidien) des jeweiligen Bundeslandes zu richten. Dabei müssen Art, Herkunft und Zahl der verwendeten Wirbeltiere oder Kopffüßer angegeben werden, außerdem Zweck und Art sowie der Schweregrad der Tierversuche.[44] Die zuständige Behörde übermittelt die Angaben dann in anonymisierter Form dem Bundesministerium für Ernährung und Landwirtschaft (BMEL). Dieses führt die Daten aus den Ländern zusammen, berichtet gemäß den EU-rechtlichen Vorgaben an die Europäische Kommission und veröffentlicht die Daten.[45]

Nicht alle Tierversuche sind genehmigungspflichtig. Die EU-Tierversuchsrichtlinie sieht für bestimmte Fälle ein vereinfachtes Genehmigungsverfahren vor. Bei der Umsetzung der Richtlinie in deutsches Recht wurde dafür der bekannte Begriff „Anzeige" verwendet. Zu den anzeigepflichtigen Tierversuchen gehören insbesondere solche, die gesetzlich vorgeschrieben sind - sei es im Arzneimittelrecht, in der Gefahrstoffverordnung, in der Pflanzenschutzmittelverordnung oder im Umweltrecht. Mit der Durchführung des Versuchsvorhabens darf nicht vor Ablauf von zwanzig Arbeitstagen ab Eingang der Anzeige bei der zuständigen Behörde begonnen werden, es sei denn die zuständige Behörde hat zuvor mitgeteilt, dass gegen die Durchführung keine Einwände bestehen.[46]

Der Gesetzgebung liegt zugrunde, dass Medikamente, Chemikalien oder andere Stoffe erst dann zugelassen werden sollen, wenn ihre Wirksamkeit oder gesundheitliche Verträglichkeit

---

44 Vgl. Versuchstiermeldeverordnung (VersTierMeld vom 12.12.2013 [BGBl. I S. 4145], die durch Artikel 395 der Verordnung vom 31.08.2015 [BGBl. I S. 1474] geändert worden ist).
45 Vgl. http://www.bmel.de/DE/Tier/Tierschutz/_texte/ Versuchstierzahlen-Leitfaden.html (19.05.2017)
46 Die rechtlichen Grundlagen sind insbesondere Art. 42, 2010/63/EU, § 8a TierSchG und § 36 TierSchVersV. Erlaubnislos zulässige Tierversuche, wie sie früher § 8 Abs. 7 Satz 1 TierSchG vorsah, gibt es nicht mehr.

geprüft wurde. Die Prüfung erfolgt zwar nicht an erster Stelle, aber auch anhand von Tieren („Tiermodelle"). Erst an letzter Stelle werden für die Zulassung menschliche Versuchspersonen herangezogen. Einer solchen Vorgehensweise liegen zwei Prämissen zugrunde: Erstens werden Versuche an Tieren für ethisch vertretbarer als Versuche an Menschen gehalten, zweitens wird davon ausgegangen, dass Tierversuche - mit Einschränkungen - auf Menschen übertragbar sind.

Prüfung des Versuchsvorhabens

Das Versuchsvorhaben wird seitens der zuständigen Behörde auf drei Ebenen geprüft:
1. Vorhabenbezogen: Das Projekt muss wissenschaftlich begründet werden, und es muss dargelegt werden, dass das Vorhaben unerlässlich und ethisch vertretbar ist. Darüber hinaus darf das angestrebte Versuchsergebnis nicht bereits greifbar sein.
2. Personenbezogen: Die verantwortliche Leiterin bzw. der verantwortliche Leiter des Versuchsvorhabens und deren Stellvertretung müssen die erforderliche fachliche Eignung besitzen und persönlich zuverlässig sein, das heißt, sie dürfen in der Vergangenheit nicht gegen das Tierschutzgesetz verstoßen haben.
3. Anlagenbezogen: Die baulichen und personellen Voraussetzungen zur Durchführung eines Tierversuchs müssen gewährleistet sein. Hierzu gehören qualifizierte Tierpflegerinnen und Tierpfleger, geeignete Tierhaltungsräume und die Benennung einer oder eines Tierschutzbeauftragten. Bei der Tierhaltung wird darauf geachtet, dass Versuchstiere art- und bedürfnisgerecht untergebracht sind und ihre medizinische Versorgung sichergestellt ist.[47]

Nur wenn diese Voraussetzungen erfüllt sind, wird ein Versuchsvorhaben genehmigt.

---

47 Vgl. Cornelia Exner, Tierversuche in der Forschung, hrsg. von der Senatskommission für tierexperimentelle Forschung der Deutschen Forschungsgemeinschaft, Bonn 2016, S. 63-64.

Vermeiden, vermindern und verbessern: Das 3R - Prinzip als Grundlage der Tierversuche

Tierversuche sind in der EU unter bestimmten Voraussetzungen zugelassen. Dabei soll jedoch das Leid für die Tiere vermindert werden. Dies geschieht auf Grundlage des 3R - Prinzips, wobei die 3R für „Replacement" („Vermeidung"), „Reduction" („Verminderung") und „Refinement" („Verbesserung") stehen.

Tierversuche hinter verschlossenen Türen

Tierversuche sind nicht für die Öffentlichkeit bestimmt, sondern finden gewöhnlich hinter verschlossenen Türen statt. Als Gründe werden Firmengeheimnisse genannt oder der Schutz der Tiere. Besucher könnten Krankheitserreger einschleppen oder die Tiere erschrecken. Selbst wenn bestimmten Personengruppen, z. B. Schulklassen oder auch Journalisten und Journalistinnen, Einlass gewährt wird, erhalten diese keinen wirklichen Einblick in die Durchführung von Tierversuchen. In erster Linie wird ihnen nämlich gezeigt, wie die Tiere gehalten werden. Neben den genannten Punkten dürfte aber ein weiterer eine ganz wesentliche Rolle spielen: Insbesondere wenn interessierte Personen blutige oder leidvolle Tierversuche zu sehen bekommen, birgt dies die Gefahr, dass diese das Labor als Tierversuchsgegnerinnen und -gegner verlassen.[48] So führt die Geheimhaltung dazu, dass die Bevölkerung nur vage Vorstellungen davon hat, was für Tierversuche eigentlich gemacht werden.

Unterschiedliche Schweregrade der Tierversuche

Diejenigen, die Tierversuche durchführen, stellen gewöhnlich die harmlosen Seiten der Tierversuche in den Vordergrund. So

---

48   Vgl. Corina Gericke, Was Sie schon immer über Tierversuche wissen wollten. Ein Blick hinter die Kulissen, 3., aktual. Aufl., Göttingen 2015.

heißt es seitens des Verbandes Forschender Arzneimittelhersteller e. V., dass ein großer Teil der Tierversuche in der Pharmaindustrie darin bestehe, dass Tieren eine zu untersuchende Substanz gespritzt und ihnen dann mehrfach Blut abgenommen wird. Die Auswertung der Blutproben ergebe, wie schnell die Substanz wieder ausgeschieden wird und ob sie im Körper umgewandelt wird. Während des Versuches werde beobachtet und gemessen, welche Wirkungen und Nebenwirkungen eintreten, wozu auch Verhaltensauffälligkeiten gehören könnten. Die Belastung der Tiere entspreche dabei in etwa dem, was auch bei einem Tierarztbesuch in Kauf zu nehmen ist. Nach einer Karenzzeit von einigen Wochen könnten die Tiere erneut an einem Versuch teilnehmen. Für einige andere Versuche sei es nötig, bei Tieren eine menschliche Krankheit nachzubilden - etwa eine Tumorerkrankung oder eine Blutmangelversorgung des Herzens. Dies sei mit Symptomen wie beim Menschen verbunden, die aber im Versuch soweit wie möglich gelindert würden. Insbesondere kämen, wo immer möglich, Schmerzmittel und Narkose zum Einsatz. Operative Eingriffe würden unter Vollnarkose vorgenommen. Falls durch einen Eingriff größere Schäden verursacht werden, würden die Tiere direkt von der Narkose aus eingeschläfert. Nur bei wenigen Tierversuchen könne nicht vermieden werden, dass Tiere Schmerzen oder andere schwere Symptome zu spüren bekommen (z. B. in der Forschung zu rheumatischen Erkrankungen). An Alternativen dazu werde intensiv gearbeitet.[49]

Die Ärzte gegen Tierversuche e. V. kritisieren solche ihrer Meinung nach verharmlosende Darstellungen. Ein Blick in ihre Internet-Datenbank beweise, dass viele der Beschreibungen von Tierversuchen an Grausamkeit nicht zu überbieten seien. Die Internet-Datenbank dokumentiere stichprobenweise Tierversuche, die in Deutschland genehmigt, durchgeführt und veröffentlicht wurden. Die Daten basieren auf Fachartikeln der Experimentierenden selbst. Weil Tierversuche im Bereich der gesetzlich vorgeschriebenen Tierversuche der pharmazeutischen

---

49 Vgl. Verband Forschender Arzneimittelhersteller e. V. [Hrsg.], Tierversuche und Tierschutz in der Pharmaindustrie - Trends und Alternativen, Berlin 2012, S. 7. Schmerzlinderung und Betäubung werden in § 17 TierSchVersV geregelt.

und chemischen Industrie als angebliche Betriebsgeheimnisse nur selten veröffentlicht würden, seien sie in der Datenbank unterrepräsentiert. Der Schwerpunkt dieser Sammlung liege auf der Grundlagen- und medizinischen Forschung. Nichts sei erfunden. Man könne davon ausgehen, dass die Realität noch weitaus schlimmer sei, als die „neutral-sachliche" Wissenschaftssprache preisgebe. In manchen Fachartikeln werde die Vorgehensweise wie in einem Kochrezept beschrieben:

„Man nehme: viele Mäuse, schneide ihnen den Bauch auf, steche ein paar Mal in den Blinddarm, so dass Darminhalt in die Bauchhöhle fließen kann, und nähe die Maus wieder zu. Durch den Darminhalt gelangen Bakterien in die Bauchhöhle und verursachen eine schwere, äußerst schmerzhafte Bauchfellentzündung mit Blutvergiftung. Je nach Anzahl und Größe der Löcher sterben die Mäuse mehr oder weniger schnell."[50]

Das Helmholtz-Zentrum für Infektionsforschung (HZI) in Braunschweig empfehle so die Vorgehensweise bei der Erstellung eines „Mausmodells" für eine Bauchfellentzündung mit Blutvergiftung. Es werde beschrieben, welche Zutaten man braucht, um praktischerweise die „gewünschte Todesrate" zu variieren.[51]

Dass das Leid der Tiere so unterschiedlich dargestellt wird, hängt zum einen mit den entgegengesetzten Interessen der beiden unversöhnlichen Lager zusammen, zum anderen aber auch damit, dass die Tierversuche in verschiedenem Maße leidvoll sind. So kennt die EU-Tierversuchsrichtlinie vier verschiedene Schweregrade der Verfahren: keine Wiederherstellung der Lebensfunktion, gering, mittel schwer.

Keine Wiederherstellung der Lebensfunktion: Verfahren, die gänzlich unter Vollnarkose durchgeführt werden, aus der das Tier nicht mehr erwacht.

---

50 Zitiert aus Ärzte gegen Tierversuche e. V. [Hrsg.], Winterschlaf hilft gegen Alzheimer und andere Absurditäten aus der Tierversuchsforschung, 2014, S. 27.
51 Ärzte gegen Tierversuche e. V. [Hrsg.], Winterschlaf hilft gegen Alzheimer und andere Absurditäten aus der Tierversuchsforschung, 2014, S. 5.27. Die einem Kochrezept ähnelnde Beschreibung findet sich in: Eva Medina, Murine model of polymicrobial septic peritonitis using cecal litigation and puncture (CLP), in: G. Proetzel, M. V. Wiles [eds.], Mouse Models for Drug Discovery. Methods and Protocols (Methods in Molecular Biology 602) New York 2010, S. 411-415. Die Internet-Datenbank ist unter www.datenbank-tierversuche.de abrufbar.

Gering: Verfahren, bei denen zu erwarten ist, dass sie bei den Tieren kurzzeitig geringe Schmerzen, Leiden oder Ängste verursachen sowie Verfahren ohne wesentliche Beeinträchtigung des Wohlergehens oder des Allgemeinzustands der Tiere.

Mittel: Verfahren, bei denen zu erwarten ist, dass sie bei den Tieren kurzzeitig mittelstarke Schmerzen, mittelschwere Leiden oder Ängste oder lang anhaltende geringe Schmerzen verursachen sowie Verfahren, bei denen zu erwarten ist, dass sie eine mittelschwere Beeinträchtigung des Wohlergehens oder des Allgemeinzustands der Tiere verursachen.

Schwer: Verfahren, bei denen zu erwarten ist, dass sie bei den Tieren starke Schmerzen, schwere Leiden oder Ängste oder lang anhaltende mittelstarke Schmerzen, mittelschwere Leiden oder Ängste verursachen sowie Verfahren, bei denen zu erwarten ist, dass sie eine schwere Beeinträchtigung des Wohlergehens oder des Allgemeinzustands der Tiere verursachen.

Die Mitgliedstaaten gewährleisten, dass ein Verfahren nicht durchgeführt wird, wenn es starke Schmerzen, schwere Leiden oder schwere Ängste verursacht, die voraussichtlich lang anhalten und nicht gelindert werden können. Dabei sind wissenschaftlich begründete Ausnahmen zugelassen.[52]

Wer sich einen Überblick über die durchgeführten Tierversuche und ihre Schweregrade verschaffen will, kann dies mittels der Internet-Datenbank von Ärzte gegen Tierversuche e. V. oder mittels der Internet-Datenbank des Bundesinstituts für Risikoforschung (BfR), AnimalTestInfo, tun. AnimalTestInfo stellt der Öffentlichkeit die allgemein verständlichen Projektzusammenfassungen zur Verfügung. Hier sind alle Vorhaben, deren Durchführung von wissenschaftlichen Forschungsinstituten der Universitäten, der Industrie und des Bundes beantragt und von den zuständigen Behörden der Bundesländer genehmigt wurden, enthalten. Die Antragstellerinnen und Antragsteller sind für den Inhalt der vom BfR veröffentlichten Projektzusammenfassungen verantwortlich.[53]

---

52 Vgl. Art. 15, 2010/63/EU. Die Kategorien der Schweregrade sind Anhang VIII entnommen.
53 Die Datenbank AnimalTestInfo findet sich unter www.animaltestinfo. de, die Informationen des BfR sind unter http://www.bfr.bund.de/de/datenbank_animaltestinfo-192272.html abrufbar.

Das 3R - Prinzip

Das 3R-Prinzip dient in der EU und Deutschland als Maßstab für die Gesetzgebung und geht auf das Jahr 1954 zurück. Damals beauftragte die Universities Federation for Animal Welfare (UFAW) einen jungen Forscher namens William Moy Stratton Russell, einen Bericht über die Fortschritte der humanen Forschung im Labor zu schreiben. Er wurde dabei von Rex Leonard Burch unterstützt, einem späteren Mikrobiologen, der für diesen Bericht durchs Land reiste und Hunderte Forscherinnen und Forscher interviewte. Auf diese Weise entstand ein revolutionärer Bericht, die „Principles of Humane Experimental Technique" (1959), die den Grundstein für die 3R legen sollten. Revolutionär war der Bericht insofern, als sich damals nur wenige um das Wohl der Versuchstiere ernsthafte Gedanken machten. Es herrschte die Ansicht vor, dass Rücksichtnahme auf die Bedürfnisse des Versuchstieres ein überflüssiges Hindernis für die Forschung darstelle.[54]

Die drei R - auf Deutsch drei V - sollen das Leid der Tiere vermindern und setzen sich aus den „R" von „Replacement", „Reduction" und „Refinement" zusammen. „Replacement" („Vermeidung") steht für den Ersatz eines Tierversuchs. So ist gemäß dem deutschen Tierschutzgesetz § 7a Abs. 2 Nr. 2 zu prüfen, ob der verfolgte Zweck nicht durch andere Methoden oder Verfahren erreicht werden kann. „Reduction" („Verminderung") steht für die Verpflichtung, die Anzahl der Tiere eines Versuches auf ein Mindestmaß zu reduzieren oder von der gleichen Anzahl Tiere mehr Information zu gewinnen. Und „Refinement" („Verbesserung") strebt die Veränderung des Tierversuchs an, um das Leiden der Tiere bei Versuchen zu vermindern. Dazu gehören die Verwendung weniger hoch entwickelter Tierarten, die artgerechte und wirksame Betäubung (Anästhesie) bzw. die Aufhebung des Schmerzempfindens (Analgesie) der Versuchstiere, die Verbesserung der Messverfahren, die bestmögliche tiermedizinische Betreuung nach Beendigung des Tierversuchs

---

54 William M. S. Russell, Rex L. Burch, The Principles of Humane Experimental Techniques, London 1959. Zur Entstehung des Berichtes siehe http://www.animalfree-research.org/de/thema/einfuehrung-3r.html (19.05.2017).

und schließlich auch verbesserte Haltungsbedingungen.[55] Alle Verfahren, die Tierversuche ersetzen, die Zahl der Versuchstiere reduzieren oder das Leid der Versuchstiere mindern können, werden als „Alternativmethoden" bezeichnet.

Die Basler Deklaration, die bisher von 4000 Wissenschaftlerinnen und Wissenschaftlern, Wissenschaftsinstituten und -organisationen unterzeichnet wurde, erkennt das 3R-Prinzip ausdrücklich an, fordert darüber hinaus aber, dieses kontinuierlich weiterzuentwickeln und dafür Sorge zu tragen, dass die Weiterentwicklung zügig und effektiv umgesetzt wird.[56]

Abschaffung der Tierversuche statt 3R - Prinzip

Von zahlreichen Tierversuchsgegnern und -gegnerinnen wird das 3R - Prinzip abgelehnt, weil es - insbesondere die beiden Rs „Reduction" und „Refinement" - davon ausgehe, dass Tierversuche notwendig seien. Auch „Replacement" sei keine Lösung, weil für die Gewinnung von Zellen oder Organen für Ersatzmethoden Tiere getötet würden.

Am 3. März 2015 wurde der Europäischen Kommission die von 1,17 Millionen Bürgerinnen und Bürgern unterzeichnete Europäische Bürgerinitiative „Stop Vivisection" vorgelegt. Mit der Initiative wird die Kommission aufgefordert, die Richtlinie 2010/63/EU (= „EU-Tierversuchsrichtlinie") zum Schutz der für wissenschaftliche Zwecke verwendeten Tiere außer Kraft zu setzen und einen neuen Vorschlag zu unterbreiten. Dieser solle auf der Abschaffung der Tierversuche beruhen und stattdessen – in der biomedizinischen und toxikologischen Forschung – verbindlich den Einsatz von Daten vorschreiben, die direkt für den Menschen relevant sind. An der Richtlinie wurde kritisiert:

- An erster Stelle würden für die Begründung der Richtlinie wirtschaftliche Aspekte angeführt. So sollten die verschiedenen

---

55   Vgl. Winfried Ahne, Tierversuche. Im Spannungsfeld von Praxis und Bioethik, Stuttgart 2007, S. 89-92; Cornelia Exner, Tierversuche in der Forschung, hrsg. von der Senatskommission für tierexperimentelle Forschung der Deutschen Forschungsgemeinschaft, Bonn 2016, S. 48-51.
56   Die Webadresse der Basler Deklaration lautet www..basel-declaration.org.

Vorschriften angeglichen werden, um ein reibungsloses Funktionieren des Binnenmarktes zu gewährleisten. Tierversuche in Ländern mit hohen Tierschutzstandards seien teurer als Tierversuche in Ländern mit niedrigen Tierschutzstandards. Forschungseinrichtungen seien somit interessiert, den Standard anzugleichen – und zwar möglichst nach unten hin.

- Gemäß Art. 2 dürften die EU-Mitgliedsstaaten Vorschriften zum Schutz der für wissenschaftliche Zwecke verwendeten Tiere aufrechterhalten, aber nicht neu erlassen, sofern sie über die Bestimmungen der Richtlinie hinausgehen.

- Art. 11 sehe Ausnahmen von der Regel vor, dass streunende und verwilderte Haustiere nicht in Tierversuchsverfahren verwendet werden dürfen.

- Gemäß Art. 4 und 13 müssten Alternativverfahren nicht einmal dann verpflichtend angewendet werden, wenn sie vorhanden und verfügbar sind und wissenschaftlich befriedigende Ergebnisse erzielen.

- Art. 5, 8 und 55 sähen keinen ausreichenden Schutz von nichtmenschlichen Primaten vor. Eine Schutzklausel eröffne Mitgliedstaaten im Ausnahmefall sogar die Möglichkeit, vorläufig Versuche an Menschenaffen durchzuführen, und zwar selbst dann, wenn das Verfahren starke Schmerzen, schwere Leiden oder Ängste verursacht.

- Und schließlich sei auch ein Teil der in Anhang IV vorgesehenen Tötungsmethoden nicht akzeptabel.[57]

Im Gegenzug hat der Wellcome Trust in Großbritannien einen offenen Brief an die EU-Parlamentarierinnen und EU-Parlamentarier mit Unterschriften von 16 Nobelpreisträgerinnen und Nobelpreisträgern veröffentlicht, die vor einem Ausstieg dringend warnen. Darin heißt es: „Die Arbeit mit Versuchstieren zu Forschungszwecken hat in der modernen Medizin und der Gesundheit des Menschen wichtige Fortschritte erbracht. Das Verständnis der komplexen Prozesse im Gehirn, die Entschlüsselung der Krebsgenetik und die Entwicklung der

---

57 Die Webadresse der Europäischen Bürgerinitiative „Stop Vivisection" lautet www.stopvivisection.eu. Die Mitteilung der Kommission dazu ist unter http://ec.europa.eu/environment/chemicals/lab_animals/pdf/vivisection/de.pdf aufrufbar (19.05.2017).

neuen Impfstoffe, Medikamente und Behandlungsmethoden, die Leben retten und die Lebensqualität verbessern, wären ohne Tierversuche unmöglich. Es ist nicht unser Wunsch, den Einsatz von Tieren in der Forschung auf unbestimmte Zeit fortzusetzen, und die Forschungsgemeinschaft ist der Suche nach alternativen Modellen verpflichtet. Aber noch sind wir nicht so weit. Bei vielen Krankheiten müssen wir verstehen, wie verschiedene Organe eines Organismus interagieren, was die Forschung an ganzen Tieren weiterhin unerlässlich macht."[58]

Mit einer ähnlichen Begründung lehnte die Europäische Kommission die Außerkraftsetzung der Richtlinie 2010/63/EU schließlich ab.

Eine Europäische Bürgerinitiative - Was ist das?

Die Europäische Bürgerinitiative macht es möglich, dass eine Million EU-Bürgerinnen und -Bürger aus mindestens sieben EU-Ländern die Europäische Kommission aufrufen können, einen Rechtsakt in Bereichen vorzuschlagen, in denen die EU zuständig ist. Dieses Recht ist in den EU-Verträgen verankert.[59]

---

58   Veröffentlicht am 06.05.2015 in der F.A.Z., im Internet aufrufbar unter http://www.faz.net/aktuell/wissen/offener-brief-von-nobelpreistraegern-fuer-tierexperimente-13578115.html (19.05.2017).
59   Entnommen aus dem Leitfaden der Europäischen Kommission zur Europäischen Bürgerinitiative.

Die Umsetzung der Tierversuchsrichtlinie von 2010

Als der Gesetzgeber im Jahre 2002 das Staatsziel Tierschutz im Grundgesetz verankerte, verbesserte er zwar den Schutz der Tiere, schuf damit aber zugleich ein Konkurrenzverhältnis zum Grundrecht der Wissenschafts- und Forschungsfreiheit. Seitdem muss zwischen dem Staatsziel Tierschutz und dem Grundrecht Wissenschafts- und Forschungsfreiheit abgewägt werden. Das gilt in besonderem Maße nach der Verabschiedung der Tierversuchsrichtlinie im Jahre 2010, die das Niveau des Tierschutzes auf der Ebene der Europäischen Union (EU) anzugleichen und zu erhöhen versucht. Was ist im Konfliktfall höher zu bewerten, die Wissenschafts- und Forschungsfreiheit oder der Tierschutz? Und welche Folgen ergeben sich aus der Abwägung für die Praxis?

Der Tierschutz als Staatsziel

Vor der Verankerung des Staatsziels Tierschutz in Artikel 20a GG war die Sache klar: Kollidierte der Tierschutz mit der Freiheit von Wissenschaft und Forschung, so hatte im Zweifelsfall letztere Vorrang. Dieser kommt mit der Verankerung in Artikel 5 Absatz 3 des Grundgesetzes nämlich der Status eines Grundrechtes zu, das ohne Vorbehalt formuliert ist: „Kunst und Wissenschaft, Forschung und Lehre sind frei." Die Besonderheit eines Grundgesetzes ist, dass es eingeklagt werden kann, bis hin zu einer Verfassungsbeschwerde vor dem Bundesverfassungsgericht. Mit dem steigenden Bewusstsein für den Tierschutz wurde dessen schwache rechtliche Stellung jedoch als unbefriedigend erachtet. Daher brachten SPD, CDU/CSU, FDP und Bündnis 90/Die Grünen im Bundestag einen gemeinsamen Gesetzentwurf ein, in dem es u. a. heißt: „Die Verankerung des Tierschutzes in der Verfassung soll den bereits einfachgesetzlich normierten Tierschutz stärken und die Wirksamkeit tierschützender Bestimmungen sicherstellen."[60] So wurden die Worte „und die Tiere" in Artikel 20a GG eingefügt, der somit lautet: „Der Staat schützt auch in Verantwortung für die künftigen Generationen die natürlichen Lebensgrundlagen und die Tiere im Rahmen der verfassungsmäßigen Ordnung durch die Gesetzgebung und nach Maßgabe von Gesetz und Recht durch die vollziehende Gewalt und die Rechtsprechung." Mit der Erhebung zum Staatsziel hat der Tierschutz allerdings nicht den Rang eines Grundrechtes, was die Frage aufwirft, inwieweit daraus eine Unterordnung zu schließen ist.

Die EU-Tierversuchsrichtlinie von 2010

Auf EU-Ebene hatten sich die Regelungen zum Tierschutz auseinanderentwickelt. Einige Mitgliedstaaten hatten nationale Durchführungsvorschriften erlassen, die ein hohes Schutzniveau für Tiere gewährleisten, die für wissenschaftliche Zwecke verwendet werden, während andere Mitgliedstaaten nur die Mindestanforderungen der Tierversuchsrichtlinie von 1986 anwendeten. Um die Unterschiede in der Rechtslage der Mitgliedstaaten zu beseitigen, wurde die bisherige Tierversuchsrichtlinie am 22. September 2010 durch eine neue ersetzt. Diese soll gewährleisten, dass der Binnenmarkt reibungslos funktioniert und zugleich das Tierschutzniveau erhöht wird. Auf Grundlage des 3R-Prinzips (Replacement, Reduction, Refinement = Vermeidung, Verminderung, Verbesserung) sollen vermehrt Alternativmethoden anstelle von Tierversuchen angewendet werden.[61]

---

60   BT-Drs. 14/8860, S. 3.
61   ei der Tierversuchsrichtlinie von 1986 handelt es sich um die Richtlinie des Rates 86/609/EWG zur Annäherung der Rechts- und Verwaltungsvorschriften der Mitgliedstaaten zum Schutz der für Versuche und andere wissenschaftliche Zwecke verwendeten Tiere, bei der Tierversuchsrichtlinie von 2010 um die Richtlinie 2010/63/EU des Europäischen Parlaments und des Rates zum Schutz der für wissenschaftliche Zwecke verwendeten Tiere. In letzterer Richtlinie wird in Erwägungsgrund 1 auf die Notwendigkeit der Harmonisierung des Binnenmarktes hingewiesen und in den Erwägungsgründen 6 und 11 auf die Notwendigkeit der Verbesserung des Schutzes der für wissenschaftliche Zwecke verwendeten Tiere.

Mit der neuen Tierversuchsrichtlinie trat das Konkurrenzverhältnis von Tierschutz und Wissenschafts- und Forschungsfreiheit noch deutlicher zutage. Dies veranlasste das Bundesministerium für Bildung und Forschung, zwei Gutachten in Auftrag zu geben. Zum einen sollte geprüft werden, ob die Tierversuchsrichtlinie mit höherrangigem Gemeinschaftsrecht vereinbar ist; zum anderen sollten Fragen der Umsetzung in das deutsche Recht behandelt werden. Mit den Gutachten wurden die beiden Rechtswissenschaftler Matthias Cornils und Wolfgang Löwer beauftragt.[62] Beide arbeiteten heraus, dass die Europäische Union ihren Kompetenzbereich sehr weit ausdehne, ja sogar überschreite. So habe sie keine unmittelbare Kompetenz für den Tierschutz, sondern nur eine mittelbare. Tierschutzrechtliche Regelungen der Gemeinschaft seien bisher immer auf Kompetenzen gestützt worden, die andere Regelungsgegenstände betrafen. Die Tierversuchsrichtlinie werde dementsprechend an erster Stelle mit den Erfordernissen des Binnenmarktes begründet. Die vagen Ausführungen dazu ließen jedoch darauf schließen, dass diese Begründung nur vorgeschoben wird. Tatsächlich gehe es an erster Stelle um den Tierschutz. Durch die starke Gewichtung des Tierschutzes werde die Wissenschafts- und Forschungsfreiheit übermäßig eingeschränkt. Insbesondere die restriktiven Bestimmungen bezüglich der Verwendung artengeschützter Tiere, nichtmenschlicher Primaten und der Menschenaffen seien unverhältnismäßig. Das gelte auch für das grundsätzliche Verbot von Tierversuchen, die starke Schmerzen, schwere Leiden oder schwere Ängste verursachen, die voraussichtlich lang anhalten und nicht gelindert werden können - ein Verbot, das nur im Ausnahmefall

---

62 Matthias Cornils: Reform des europäischen Tierversuchsrechts. Zur Unions- und Verfassungsrechtmäßigkeit der Richtlinie 2010/63 des Europäischen Parlaments und des Rats zum Schutz der für wissenschaftliche Zwecke verwendeten Tiere (Studien zum internationalen, europäischen und deutschen Nachhaltigkeitsrecht 2), Münster 2011; Wolfgang Löwer: Tierversuchsrichtlinie und nationales Recht, Tübingen 2012. Zum Zeitpunkt der Veröffentlichung war Matthias Cornils Professor für Medienrecht, Kulturrecht und Öffentliches Recht an der Johannes Gutenberg-Universität Mainz und Wolfgang Löwer Richter am Verfassungsgericht Nordrhein-Westfalen und Professor für Öffentliches Recht und Wissenschaftsrecht an der Rheinischen Friedrich-Wilhelms-Universität Bonn.

durchbrochen werden könne.[63] Problematisch sei nicht, dass die Wissenschafts- und Forschungsfreiheit eingeschränkt werde, sondern dass die Einschränkungen unverhältnismäßig seien.

Kriterien der Einschränkung eines Grundrechtes

Auch wenn das Grundrecht Wissenschafts- und Forschungsfreiheit ohne Vorbehalt formuliert ist, kann es dennoch eingeschränkt werden. Bei einer Einschränkung sind jedoch ganz bestimmte Kriterien zu beachten. Entscheidend dafür, in welchem Maße das Grundrecht eingeschränkt werden darf, ist die Verhältnismäßigkeit – häufig auch als „Übermaßverbot" bezeichnet. Diese wird in mehreren Stufen geprüft: Zunächst ist zu prüfen, ob das Eingriffsmittel geeignet ist. Dies trifft zu, wenn das angestrebte Ziel mit seiner Hilfe erreicht oder gefördert werden kann. Dass die Förderung ausreicht zeigt, dass nicht das beste Mittel gewählt werden muss. Ist das gewählte Mittel geeignet, den angestrebten Zweck zu erreichen, ist in einem zweiten Schritt die Erforderlichkeit zu prüfen. Hier stellt sich die Frage, ob das angestrebte Ziel nicht auch durch einen weniger intensiven Eingriff in das betroffene Grundrecht erreicht werden kann, der allerdings gleichermaßen geeignet sein muss. Auf der letzten Stufe wird die Verhältnismäßigkeit im engeren Sinne geprüft. Es wird abgewogen, ob die Gründe für eine Einschränkung eines Grundrechtes wirklich so gewichtig und dringlich sind, dass sie das beabsichtigte Ausmaß rechtfertigen.[64]

---

63 Die Verwendung von artengeschützten Tieren hat Art. 7, 2010/63/EU zum Thema, die Verwendung von nichtmenschlichen Primaten Art. 8 Abs. 1,2 und die Verwendung von Menschenaffen Art. 8 Abs. 3. Das Verbot besonders leidvoller Tierversuche findet sich in Art. 15 Abs. 2, die Ausnahmebestimmung in Art. 55 Abs. 3.
64 Vgl. http://www.bpb.de/izpb/155913/besondere-merkmale-der-grundrechte?p=all und http://www.juraforum.de/lexikon/verhaeltnismaessigkeitsprinzip (jeweils 19.05.2017).

Die besondere Bedeutung des Gesundheitsschutzes

Neben dem Grundrecht Wissenschafts- und Forschungsfreiheit und dem Staatsziel Tierschutz kommt auch dem Gesundheitsschutz eine besondere Bedeutung zu, und zwar sowohl im Gemeinschaftsrecht als auch im Grundgesetz. Gemäß Art. 2 Abs. 2 GG hat jeder das Recht auf Leben und körperliche Unversehrtheit. Diesem sozialen Grundrecht dienen die Gewinnung wichtiger medizinischer Grundlagenerkenntnisse und die Entwicklung bestimmter Diagnose- und Therapieverfahren gerade auch in der Humanmedizin.[65] Für das Ziel eines hohen Gesundheitsschutzes war der Tiereinsatz bisher unverzichtbar und die ganz große Zahl der Tierversuche fand hier ihre Berechtigung.[66] Dass in der Vergangenheit die Tierversuche eine Rolle spielten, dieses Ziel zu erreichen, heißt aber nicht, dass nicht in Zukunft vermehrt oder sogar ausschließlich (tierversuchsfreie) Alternativmethoden zur Anwendung kommen können. Wenn das Ziel des Gesundheitsschutzes in gleichem Maße oder sogar besser mit (tierversuchsfreien) Alternativmethoden erreicht werden kann, dann muss es möglich sein, Tierversuche einzuschränken oder zu verbieten. Weder Tierversuche noch (tierversuchsfreie) Alternativmethoden sind Selbstzweck, sondern stehen im Dienste eines zu erreichenden Ziels.

Kritik an mangelhafter Umsetzung der EU-Tierschutzbestimmungen in deutsches Recht

Mit dem Dritten Gesetz zur Änderung des Tierschutzgesetzes vom 4. Juli 2013 und der Tierschutz-Versuchstierverordnung wurde die Tierversuchsrichtlinie in deutsches Recht umgesetzt.[67]

---

65   Vgl. die Ad-hoc-Stellungnahme Tierversuche in der Forschung. Empfehlungen zur Umsetzung der EU-Richtlinie 2010/63/EU in deutsches Recht von der Leopoldina -Nationale Akademie der Wissenschaften und der Union der deutschen Akademien, S. 5 (https://www.tierversuche-verstehen.de/wp-content/uploads/2016/08/2012-10-01_Stellungnahme_Tiervers.pdf; 19.05.2017).
66   Vgl. W. Löwer 2012, S. 35, der bemängelt, dass die Erwägungsgründe zur Tierversuchsrichtlinie den Zusammenhang nicht erkennen lassen.
67   Das am 13. Juli 2013 in Kraft getretene Gesetz wurde in BGBl. I S. 2182-2196 veröffentlicht.

Es wurde versucht, neben dem Tierschutz auch die Wissenschafts- und Forschungsfreiheit sowie den Gesundheitsschutz ausreichend zu berücksichtigen. Allerdings sahen die Tierschützerinnen und Tierschützer schon in den Gesetzentwürfen der Bundesregierung ihre Forderungen nicht ausreichend berücksichtigt und mahnten an, dass die Tierversuchsrichtlinie konsequenter umgesetzt werden müsse. Daher beauftragten verschiedene Tierschutzorganisationen die Rechtswissenschaftlerin Anne Peters. Sie sollte untersuchen, ob und gegebenenfalls wie die vorgeschlagenen Änderungen gegen europäisches Recht verstoßen und geändert werden müssen.[68] Darüber hinaus beauftragte die Bundestagsfraktion von Bündnis 90 / Die Grünen den Richter und Tierschutzjuristen Christoph Maisack mit einem Gutachten zur Frage, ob und gegebenenfalls welche Bestimmungen der Tierversuchsrichtlinie nicht oder nicht ausreichend ins deutsche Recht umgesetzt worden sind.

Christoph Maisack macht einleitend deutlich, dass eine Richtlinie zwar nicht wörtlich, aber ihrem Sinn nach umgesetzt werden müsse. Die Mitgliedstaaten seien verpflichtet, im Rahmen ihrer nationalen Rechtsordnung alle erforderlichen Maßnahmen zu ergreifen, um die vollständige Wirksamkeit der Richtlinie entsprechend ihrer Zielsetzung zu gewährleisten. Je detaillierter die Richtlinienregelung sei, umso stärker sei ihre Umsetzung vorgezeichnet. Die Änderung des Tierschutzgesetzes und die Tierschutz-Versuchstierverordnung kämen jedoch trotz ihres Anspruches, das Niveau des Tierschutzes zu heben, diesen Erfordernissen nur unzureichend nach. So sei insbesondere zu bemängeln:

- Tierversuche zur Aus-, Fort- und Weiterbildung hätten nicht aus dem normalen Genehmigungsverfahren herausgenommen und dem Anzeigeverfahren unterstellt werden dürfen, zumal das Anzeigeverfahren nicht den Anforderungen an ein vereinfachtes Verwaltungsverfahren genüge. So sehe das Anzeigeverfahren vor, dass ein Tierversuch begonnen werden kann, bevor eine Genehmigung vorliegt. Darüber hinaus sei zu bemängeln, dass keine rückblickende Bewertung des Tierversuches vorgesehen ist.

---

68 Das Gutachten ist einsehbar unter http://www.tierschutzbund.de/fileadmin/user_upload/Downloads/Hintergrundinformationen/Tierversuche/EU-Tierversuchsrichtlinie_Rechtsgutachten_Verbaende_2012.pdf (19.05.2017).

- Die in der Tierschutz-Versuchstierverordnung zugelassene Sammelanzeige mehrerer gleichartiger Versuchsvorhaben verstoße gegen die EU-Tierversuchsrichtlinie.
- Es erfolge keine ausreichende unabhängige Prüfung des Versuchsvorhabens.
- Die „Angst" werde im deutschen Tierschutzgesetz und in der Tierschutz-Versuchstierverordnung als eigenständiger Belastungsfaktor nicht berücksichtigt.
- Es würden nur höchst unzureichend die Bestimmungen zur Kontrolle von Zucht, Lieferung und Durchführung der Tierversuche umgesetzt.
- Bei der Prüfung der Versuchsvorhaben werde an die Vermeidung ein strengerer Maßstab angelegt als an die Verminderung und Verbesserung.
- Schwerst belastende Tierversuche würden nicht auf Ausnahmefälle begrenzt.
- Der Tierschutzausschuss sei fehlerhaft besetzt und seine Aufgabe unzureichend beschrieben.
- Der Schutz von Tieren im vorgeburtlichen Entwicklungsstadium sei unzureichend.
- Wenn in einer Tierversuchs-Einrichtung Änderungen erfolgten, die sich nachteilig auf das Wohlergehen der Tiere auswirken könne, sei eine nachträgliche Änderung hinsichtlich der Zulassung nicht möglich.
- Die Angaben im Antrag auf Genehmigung eines Versuchsvorhabens seien unvollständig.
- In den nichttechnischen (= allgemeinverständlichen) Projektzusammenfassungen, die den Genehmigungsanträgen beizufügen sind, werde kein Nachweis gefordert, inwieweit die Anforderungen der Vermeidung, Verminderung und Verbesserung der Tierversuche erfüllt werden.
- Bei Verstößen gegen wesentliche Bestimmungen im Tierschutzgesetz und in der Tierschutz-Versuchstierverordnung seien unzureichende Sanktionen vorgesehen.[69]

---

69   Die Kritikpunkte von Anne Peters ähneln weit gehend denen von Christoph Maisack.

Versuchstiere in Deutschland

Tierschützer/innen bemängeln die kontant hohen Zahlen bei Tierversuchen. Ein genauer Blick auf die Zahlen offenbart, dass Alternativmethoden die Tierversuche zwar reduzieren; auf der anderen Seite werden aber gerade in der Grundlagenforschung zunehmend mehr Tests an genetisch veränderten Tieren durchgeführt. Zudem ist die Statistik weder lückenlos noch frei von Ungereimtheiten.

Zahl und Verwendungszwecke

Die Daten über die Verwendung von Versuchstieren werden vom Bundesministerium für Ernährung und Landwirtschaft (BMEL) veröffentlicht und der Europäischen Kommission übermittelt.

Insgesamt wurden in Deutschland im Jahr 2015 etwa 2,03 Millionen Tiere zu wissenschaftlichen Versuchszwecken verwendet. Hinzu kamen etwa 770.000 Tiere, die zu wissenschaftlichen Zwecken getötet wurden - beispielsweise um Zellmaterial oder Organe zu gewinnen; insgesamt also etwa 2,80 Millionen verwendete Tiere. Im Vergleich zum Vorjahr (3,31 Millionen Tiere) sind die Zahlen leicht gesunken. Die größte Gruppe der verwendeten Tiere stellen mit rund 90 Prozent die Säugetiere dar, insbesondere Mäuse (rund 72 Prozent) und Ratten (rund 11 Prozent). Die zweitgrößte Gruppe sind mit rund 7 Prozent die Fische, insbesondere Zebrafische (rund 4 Prozent). Vögel (etwa 1,5 Prozent), Amphibien (etwa 0,4 Prozent) und Reptilien (0,03 Prozent) machen den kleinen Rest der Versuchstiere aus.

Rund 58 Prozent der Tiere dienten der Grundlagenforschung, in der insbesondere die Untersuchungen im Bereich des Nervensystems und des Immunsystems eine Rolle spielten. Für rechtlich angeordnete Tierversuche - auch regulatorische Tierversuche genannt - wurden rund 22 Prozent der Versuchstiere verwendet. Diese Tests umfassen die Sicherheitsprüfungen bei Arzneimitteln, Chemikalien und Bioziden. Rund 13 Prozent der verwendeten Tiere dienten der translationalen[70] und angewandten Forschung. Hier lag der Schwerpunkt bei der Erforschung von Krebserkrankungen beim Menschen. Auch die Erforschung von Nerven- und Geisteserkrankungen des Menschen machte einen beachtlichen Anteil aus. Die Hochschulausbildung, die berufliche Aus- und Weiterbildung, die Zucht von genetisch veränderten Tieren, die Arterhaltung und der Umweltschutz waren dagegen nur nachrangige Versuchszwecke.

Etwa 1,12 Millionen Versuchstiere waren genetisch verändert. Der Anteil dieser sogenannten transgenen Tiere an der Gesamtzahl der verwendeten Tiere lag damit bei rund 39 Prozent und ist somit im Vergleich zum Vorjahr (34 Prozent) leicht gestiegen. Hier wurden insbesondere transgene Mäuse (91 Prozent) und Fische (7 Prozent) eingesetzt. Über 80 Prozent der genetisch veränderten Tiere wurden für die Grundlagenforschung verwendet, der Rest für translationale und angewandte Forschung, für regulatorische Zwecke und Routineproduktion und schließlich noch in geringer Zahl für die Erhaltung der Art sowie für die Hochschulausbildung und berufliche Aus- und Weiterbildung.

Die Zahl der Affen und Halbaffen ist zwar im Jahr 2015 gegenüber dem Vorjahr von insgesamt 2848 auf 3141 leicht gestiegen, macht jedoch weiterhin nur rund ein Tausendstel aller verwendeten und getöteten Tiere aus. Menschenaffen wurden in Deutschland zuletzt 1991 für wissenschaftliche Zwecke verwendet.

Im Hinblick auf den Schweregrad der Versuche lässt sich feststellen, dass vorwiegend Versuche mit geringer Belastung (etwa 43 Prozent) durchgeführt wurden, während der Anteil an Tierversuchen mit mittlerer oder schwerer Belastung bei etwa 17 beziehungsweise 4 Prozent lag. Der Anteil an Tierversuchen, die vollständig unter Vollnarkose durchgeführt wurden und aus der die Tiere nicht mehr erwacht sind, lag bei etwa 35 Prozent. Die Einteilung in Schweregrade wird von den Forscherinnen und Forschern selbst vorgenommen.[71]

---

70   Bei der translationalen Forschung handelt es sich um weiterführende, gezielte Grundlagenforschung an der Schnittstelle zur angewandten Forschung.
71   Vgl. http://www.bmel.de/DE/Tier/Tierschutz/_texte/TierschutzTierforschung.html?docId=8596776#doc8596776bodyText4 (19.05.2017).

Bei den Versuchstierzahlen der Bundesländer im Vergleich liegt wie schon im Vorjahr 2014 Baden-Württemberg bei der Verwendung von Tieren für wissenschaftliche Zwecke mit 461 538 Tieren an der Spitze, gefolgt von Nordrhein-Westfalen mit 432 006 Tieren und Bayern mit 423 129 Tieren.[72]

Trends

Aufgrund von Änderungen bei der Zählweise von Versuchstieren sind die Zahlen von 2014 und 2015 nur bedingt mit den Zahlen der Jahre vor 2013 vergleichbar. Bis einschließlich 2013 wurden diejenigen Tiere erfasst, mit denen ein Versuch begonnen wurde, während die Tiere seit 2014 erst dann gemeldet werden, wenn der Versuch abgeschlossen ist. Seit 2014 werden auch Fischlarven mitgezählt. Und schließlich gehen alle durch eine genetische Veränderung belasteten Tiere in die Statistik ein, unabhängig davon, ob ein Tierversuch durchgeführt wurde oder nicht. Dagegen werden Versuche, die als nicht belastend eingestuft werden - z. B. ein Verhaltensexperiment -, nicht mehr in der Statistik erfasst. Weggefallen ist auch die Meldepflicht für kleine Gewebeentnahmen (Schwanzspitzenbiopsien), um das Erbgut der Tiere zu untersuchen. Daher hier nur eine grobe Darstellung der Trends.

Die Gesamtzahl der für wissenschaftliche Versuchszwecke verwendeten Tiere schwankt über die Jahre hinweg gesehen nur gering. Im Bereich der gesetzlich vorgeschriebenen Tierversuche ist seit Jahren ein Abwärtstrend der Zahlen zu beobachten, weil immer mehr tierversuchsfreie Verfahren zur Verfügung stehen. Dafür steigt die Zahl der für die Grundlagenforschung verwendeten

---

72 Vgl. Pressemeldung des Deutschen Tierschutzbundes e. V. vom 26.01.2017. Die Zahlen habe das Bundesministerium für Ernährung und Landwirtschaft (BMEL) laut Pressemitteilung bis dahin nicht veröffentlicht. Der Deutsche Tierschutzbund e. V. habe sie unter Berufung auf das Informationsfreiheitsgesetz dort angefordert. In einer Pressemeldung vom 07.02.2017 weist der Deutsche Tierschutzbund e. V. auf weitere Ungereimtheiten hin: So seien 2014, im Gegensatz zu 2015, solche Tiere nicht in der Gesamtzahl berücksichtigt, die wiederholt in Versuchen verwendet wurden – immerhin fast 50.000 Tiere. Auch bei anderen Tiergruppen, wie gentechnisch veränderten Tieren, gebe es weiterhin Ungereimtheiten, so dass ein Vergleich der Zahlen von 2014 und 2015 weiterhin nicht möglich sei.

Tiere ebenso an wie die Zahl der genetisch veränderten Tiere. Solche Anstiege gibt es dann, wenn ein bestimmter Forschungszweig erfolgreich ist oder wenn neue Forschungsbereiche wie die Gentherapie oder die Stammzellenforschung aufkommen.

Die Ärzte gegen Tierversuche e. V. weisen auf eine Dunkelziffer hin, die es neben den erfassten Zahlen gebe. So würden Versuchstiere üblicherweise nicht nach Bedarf gezüchtet, sondern im Überschuss, um jederzeit eine gewisse Anzahl von Tieren der einzelnen Arten, Alters- und Gewichtsklassen „vorrätig" zu haben. Tiere, die schließlich doch nicht für Versuche Verwendung finden, würden getötet. Auch würden manche Tiere schon vor dem eigentlichen Versuch bei Haltung und Transport sterben. Sehr lückenhaft sei die statistische Erfassung auch im Bereich der gentechnisch veränderten Tiere. Die gentechnischen Eingriffe hätten das Ziel, dass die Forschenden mit Tieren arbeiten können, die genau die gewünschten Eigenschaften aufweisen. In einer Vielzahl der Fälle - geschätzt 90 bis 99 Prozent - sei die genetische Veränderung aber nicht erfolgreich. Die Tiere seien dann für die Versuche unbrauchbar, würden getötet und tauchten nicht in den Statistiken auf. In Tierversuchen verwendete wirbellose Tiere wie Schnecken, Insekten und Krebse würden überhaupt nicht gezählt.[73]

---

73   Vgl.   https://www.mdc-berlin.de/44551711/de/news/archive/2015/20150519-meldung_der_abteilung_kommunikation_; http://www.dpz.eu/de/abteilung/ueber-tierversuche/zahlen-und-fakten/tierversuchszahlen-in-deutschland.html;   https://www.aerzte-gegen-tierversuche.de/de/infos/statistiken/22-tierversuchsstatistik (jeweils 19.05.2017).

Tierversuche für Kosmetika

Tierversuche für kosmetische Produkte sind bereits seit 1998 in Deutschland und seit 2004 in der EU verboten. Die Firmen konnten dieses Verbot umgehen, indem sie ihre Tests in andere Länder verlagerten. Um die Industrie zu einer Politik ohne Tierversuche zu zwingen, ist seit März 2013 auch die Einfuhr von an Tieren getesteten Kosmetik-Rohstoffen in die EU verboten. Es gibt jedoch weiterhin Schlupflöcher.

Vermarktungsverbot für Kosmetika, die an Tieren getestet wurden

„Großer Erfolg für den Tierschutz: Ab heute tritt Aus für Tierversuche für Kosmetik in Kraft." Mit diesen Worten bejubelte der Deutsche Tierschutzbund e. V. am 11. März 2013 das Verbot der Vermarktung von an Tieren getesteten Kosmetika in der EU. Nun sei nach über 30 Jahren zähen Ringens auch die letzte Stufe des hart erkämpften Tierversuchsverbots Wirklichkeit geworden. „Ein großer Sieg für alle Tierfreunde."[74]

Der lange Weg zum Vermarktungsverbot

Löst eine Hautcreme Allergien aus? Schadet ein Shampoo der Kopfhaut? Fragen wie diese wurden lange Zeit vor allem mit Tierversuchen geklärt. Allerdings kamen in der Bevölkerung und bei dem Gesetzgeber schon früh Zweifel auf, ob es wirklich vertretbar ist, dass Tiere für Produkte leiden müssen, die der Körperpflege dienen. Bei einem Verbot von Tierversuchen, dessen war man sich bewusst, würde die Forschungsfreiheit eingeschränkt. Eine solche Einschränkung schien am ehesten bei den Kosmetika zumutbar zu

---

74　http://www.tierschutzbund.de/news-storage/tierversuche/110313-ende-tierversuche-kosmetik.html (26.08.2016, inzwischen entfernt).

sein, denn diese tragen zwar zum Wohlbefinden des Menschen bei, entscheiden aber nicht wie Arzneimittel über Leben und Tod.

1990 gründeten führende Tierschutzorganisationen die „Europäische Koalition zur Beendigung von Tierversuchen für Kosmetik" (heute: Europäische Koalition zur Beendigung von Tierversuchen / The European Coalition to End Animal Experiments", ECEAE) mit dem Ziel, Tierversuche für Kosmetika in der EU abzuschaffen. Die Kampagnen der Tierschützerinnen und -schützer führten schon bald zu Erfolgen: 1986 wurden im deutschen Tierschutzgesetz Tierversuche zur Entwicklung von dekorativen Kosmetika wie Lippenstiften oder Nagellack verboten. Wegen der unklaren Definition des Begriffs „dekorative Kosmetika" wurde 1998 das Verbot auf pflegende Kosmetika wie Duschgels oder Hautcremes erweitert. Auch auf europäischer Ebene blieb der Gesetzgeber nicht untätig: 2004 verbot die EU Tierversuche für das fertige kosmetische Produkt, 2009 folgte ein detaillierteres Verbot für Tierversuche an einzelnen kosmetischen Bestandteilen oder Kombinationen von Bestandteilen. Kosmetika, deren Bestandteile nach diesem Zeitpunkt im Tierversuch getestet worden sind, durften nicht mehr verkauft werden. Um zu verhindern, dass Unternehmen einfach die Tierversuche außerhalb der EU durchführen ließen, wurde das EU-weite Vermarktungsverbot auch auf fertige kosmetische Produkte und kosmetische Inhaltsstoffe bezogen, die außerhalb der EU in Tierversuchen geprüft worden waren. Bei den kosmetischen Inhaltsstoffen wurden jedoch Ausnahmen gemacht, da nach Einschätzung der Europäischen Kommission aus dem Jahre 2011 die Entwicklung von erforderlichen Alternativen zu Tierversuchen noch Jahre dauern könne. Dies galt insbesondere für die Prüfung, ob ein Stoff Allergien oder Krebs auslösen kann oder die Fortpflanzungsfähigkeit beeinträchtigt. Deshalb wurden diese drei Sicherheitsaspekte, sogenannte Endpunkte, vom Verbot ausgenommen, sofern der Tierversuch außerhalb der EU durchgeführt wurde. Im März 2013 wurde auch dieses Schlupfloch gestopft. Damit muss jedes internationale Unternehmen, das seine Körperpflegeprodukte in der EU vermarkten möchte, auf

Tierversuche sowohl für die Fertigprodukte als auch für die Inhaltsstoffe verzichten.[75]

Einschränkung oder Förderung der Forschung?

Aus der Forschung gibt es an dem ausnahmslosen Verbot Kritik. Bemängelt wird unter anderem, dass alle an Tieren getesteten Kosmetika oder deren Inhaltsstoffe von dem Verbot betroffen sind - egal, ob es valide Alternativmethoden gibt. Das könne dazu führen, dass Stoffe eingesetzt werden, deren Unbedenklichkeit nicht erwiesen ist, oder dass neue Substanzen gar nicht erst verwendet werden. In den EU-Staaten, auch in Deutschland, finde ein Humanexperiment im großen Stil statt; und niemandem werde es auffallen, wenn etwa die Krebs- oder Allergiezahlen durch mangelhaft geprüfte Produkte steigen.[76] Seitens der Kosmetikindustrie wird angeführt, dass das ausnahmslose Verbot die Innovationskraft der Kosmetik-Industrie hemmen könnte. Die Kosmetik-Industrie in der EU laufe dadurch Gefahr, gegenüber anderen Märkten schlechter gestellt zu werden.[77]

Aus der Einschränkung der Forschungsfreiheit kann allerdings auch ein Zuwachs an Forschung erwachsen - nur eben an anderer Stelle. Gegenwärtig müssen tierversuchsfreie Alternativmethoden, die offiziell anerkannt werden sollen, zunächst einen aufwändigen Prozess durchlaufen, bei dem die Allgemeingültigkeit geprüft wird. Der Prozess, die sogenannte Validierung, dauert in der Regel mehr als zehn Jahre und muss in vergleichenden Experimenten

---

75 Zu 1986 siehe § 7 Abs. 5 TierSchG (BGBl. I S. 1322), zu 1998 § 7 Abs. 5 TierSchG (BGBl I S. 1109), zu 2004 die Richtlinie 2003/15/EG, zu 2009 die EU-Kosmetikverordnung 1223/2009 und zu 2011 den „Bericht über die Entwicklung, Validierung und rechtliche Anerkennung von Alternativmethoden für Tierversuche im Bereich kosmetischer Mittel" (http://eur-lex.europa.eu/LexUriServ/LexUriServ.do?uri=COM:2011:0558:FIN:DE:PDF, 19.05.2017). Im März 2013 wurde die EU-Kosmetikverordnung 1223/2009 endgültig umgesetzt. Das Vermarktungsverbot in der EU gilt gemäß einem Urteil des Europäischen Gerichtshofes (Az. C-592/14) auch dann, wenn Tierversuche durchgeführt worden sind, weil ein Land außerhalb der EU, beispielsweise China oder Japan, diese vorschreibt.
76 Vgl. http://www.spiegel.de/wissenschaft/medizin/kosmetik-ohne-tierversuche-in-der-eu-a-888498.html (19.05.2017).
77 http://www.ikw.org/schoenheitspflege/themen/fragen-antworten/tierversuche-und-alternativmethoden/# (19.05.2017).

in verschiedenen Laboratorien („Ringstudien") nachweisen, dass die Alternativmethode die gleiche Aussagekraft hat wie In-vivo-Studien (lateinisch: „im Lebenden"). Die Beweise werden dem wissenschaftlichen Komitee des „European Union Reference Laboratory for alternatives to animal testing" (EURL ECVAM) zur Begutachtung vorgelegt. Nach Anerkennung der wissenschaftlichen Validität der Methode durch EURL ECVAM kann die Organisation für wirtschaftliche Zusammenarbeit und Entwicklung (Organisation for Economic Co-operation and Development = OECD) das Ergebnis offiziell als alternative Testmethode anerkennen und in eine OECD-Richtlinie umwandeln.[78]

Bei diesem langwierigen Prozess wird die tierversuchsfreie Alternativmethode also bisher danach bewertet, wie nahe ihre Ergebnisse denen von Tierversuchen kommen - und zwar unabhängig davon, ob diese Fehler aufweisen. Hinzu kommt, dass in die Forschung zu Alternativmethoden vergleichsweise wenig Forschungsgeld fließt. Das Verbot von 2013 lässt die Tierversuchsgegnerinnen und -gegner hoffen, dass die Tierversuche bei der Validierung und offiziellen Anerkennung der Alternativmethoden in Zukunft nicht mehr den „Goldstandard" darstellen und die tierversuchsfreie Forschung finanziell besser ausgestattet wird.

Kein endgültiger Schlussstrich unter Tierversuchen für Kosmetika

Mit dem EU-weiten Verbot von Tierversuchen für Kosmetika ist jedoch noch kein endgültiger Schlussstrich gezogen. Will ein Unternehmen seine Kosmetikprodukte in bestimmten Nicht-EU-Staaten vertreiben, kann es auf Tierversuche nicht verzichten. So verlangen beispielsweise die kosmetikrechtlichen Bestimmungen

---

[78] Vgl. die Position des Unternehmens Henkel zu Tierversuchen (http://www.henkel.de/blob/47158/055f9e0a101828cc46ad03fc8d8ac55e/data/henkel-position-alternativen-zu-tierversuchen.pdf; 19.05.2017). Um die notwendige Qualität der Verwendung der Testmethode sicherzustellen, muss ein Prüflabor, das diese anwenden will, seine technische und fachliche Kompetenz nachweisen. Die Begutachtung, Bestätigung und Überwachung der fachlichen Kompetenz erfolgt in den einzelnen Mitgliedsländern der EU durch eine unabhängige Einrichtung. In Deutschland ist dafür die Deutsche Akkreditierungsstelle GmbH zuständig.

der Volksrepublik China, dass importierte Kosmetika auf ihre Unbedenklichkeit hin geprüft werden. Dafür werden regelmäßig Tierversuche angewendet. Das bedeutet für die Unternehmen, dass sie sich entscheiden müssen, ob sie auf die Registrierung und Vermarktung ihrer Produkte in der Volksrepublik China verzichten, oder ob sie dafür Tierversuche in Kauf nehmen wollen. Hersteller von Naturkosmetika, die ihre Zertifizierung nicht aufs Spiel setzen wollen, müssen sich gegen den Absatzmarkt in der Volksrepublik China entscheiden.[79]

Auch in der EU sind Tierversuche für Kosmetika nicht endgültig tabu. Viele Inhaltsstoffe für Kosmetika werden nämlich auch für andere Produkte verwendet, insbesondere für Haushaltsprodukte oder Medikamente. Für die Zulassung von Haushaltsprodukten und Medikamenten sind Tierversuche weiterhin zwingend vorgeschrieben, wobei auch grausame Versuchsverfahren zur Anwendung kommen. Das bekannteste Beispiel dafür ist Botox, ein Mittel zur Glättung von Falten. Botox-Produkte werden injiziert und nicht auf die Haut aufgetragen. Daher handelt es sich nicht um ein kosmetisches, sondern um ein medizinisches Produkt, womit das Tierversuchsverbot für Kosmetika nicht greift. Bei der Zulassung von Botox wenden der britische Hersteller Ipsen und die japanische Firma Eisai den LD50-Giftigkeitstest an. Anders als bei anderen Substanzen wird der Faltenglätter nicht nur einmal getestet, sondern jede Produktionseinheit erneut geprüft. Je mehr Botox verkauft wird, desto mehr Tiere müssen sterben. Die Firma Allergan hat sich vom LD50-Giftigkeitstext verabschiedet und hat seit 2011 eine behördliche Zulassung für eine selbst entwickelte, tierversuchsfreie Zellkulturmethode für ihre Produkte Botox®,

---

[79] In Deutschland ist das Zertifikat des Bundesverbands deutscher Industrie- und Handelsunternehmens für Arzneimittel, Reformwaren, Nahrungsergänzungsmittel und Körperpflegemittel e.V. (=BDIH) das am weitesten verbreitete Siegel zur Kennzeichnung echter Naturkosmetik. Die Einhaltung der Bestimmungen wird von der IONC GmbH überprüft. In einer Pressemitteilung der IONC GmbH vom 13.12.2013 (http://www.bdih.de/download/2013_12_Hinweise_Tierversuche_China.pdf, 19.05.2017) wurde auf die Problematik von Tierversuchen in China und auf die Konsequenzen für die Zertifizierung nach BDIH-Standard hingewiesen.

Botox-Cosmetics® und Vistabel®. 2015 zog der Frankfurter Hersteller Merz nach.[80]

---

80 Vgl. Ärzte gegen Tierversuche e. V.: Botox: Tierqual für eine fragwürdige Schönheit, 2015 und eine Pressemeldung des Deutschen Tierschutzbundes e. V. vom 19.07.2016 (http://www.tierschutzbund.de/news-storage/tierversuche/190716-protest-gegen-tierversuche-fuer-botox.html, 19.05.2017).

LD50 - Giftigkeitstest

Der LD50 - Giftigkeitstest gehört zu den grausamsten Tierversuchen. Bei diesem Test wird einer Gruppe Versuchstieren einmalig ein Schadstoff oder Mikroorganismus (z. B. Virus) verabreicht. Die Menge wird dabei auf das Körpergewicht bezogen, d. h. leichtere Tiere erhalten eine geringere und schwerere Tiere eine größere Menge. Diejenige Dosis, die nach Ablauf eines bestimmten Zeitraums zum Tod der Hälfte der Versuchstiere führt, wird als „LD50" bezeichnet. Dabei steht „LD" für „letale Dosis" (= „tödliche Dosis"). Die letale Dosis wird z. B. in Milligramm Schadstoff/Mikroorganismen pro Kilogramm Körpergewicht des Versuchstieres angegeben. LD50 (Ratte) = 200 mg/kg würde bedeuten, dass Ratten, die ein Kilogramm schwer sind und denen 200 Milligramm Schadstoff/Mikroorganismen verabreicht werden, mit einer Wahrscheinlichkeit von 50 Prozent sterben. Ratten, die nur ein halbes Kilogramm wiegen, bekämen dabei nur die halbe Menge verabreicht; Ratten, die zwei Kilogramm wiegen, entsprechend die doppelte Menge.

Aufgrund der LD50 - Giftigkeitstests kann die Giftigkeit der Schadstoffe und Mikroorganismen verglichen werden und eine Einordnung in eine Gefahrenklasse erfolgen.

Bei der Zulassung von „Botox", das aus dem Bakteriengift Botulinumtoxin hergestellt wird, wird das Gift Gruppen von Mäusen in die Bauchhöhle gespritzt. Für die Tiere ist das mit furchtbaren Qualen verbunden: Es kommt zu Muskellähmungen, Sehstörungen und Atemnot. Der Todeskampf kann sich über drei oder vier Tage hinziehen. Die Nager ersticken schließlich bei vollem Bewusstsein.[81]

---

81 http://www.giftpflanzen.com/gifte.html
https://www.ris.bka.gv.at/GeltendeFassung.wxe?Abfrage=Bundesnormen&Gesetzesnummer=10010718
Ärzte gegen Tierversuche e. V., Botox - Tierqual für eine fragwürdige Schönheit, 2015

Siegel für tierversuchsfreie Kosmetik

Auch wenn es in der EU verboten ist, an Tieren getestete Kosmetika und deren Inhaltsstoffen herzustellen und zu vermarkten, kann von keinem Kosmetikprodukt im strengen Sinne gesagt werden, dass es „tierversuchsfrei" ist. Das Chemikalienrecht schreibt vor, dass alle eingesetzten Inhaltsstoffe sicher, also gesundheitlich unbedenklich sein müssen. Sofern noch keine anerkannten Alternativmethoden oder vorhandene Sicherheitsdaten zur Verfügung stehen, wird die Sicherheit des Stoffes über einen Tierversuch überprüft. Insofern wurde jeder Inhaltsstoff irgendwann im Tierversuch getestet.[82] Dennoch gibt es Siegel, die ein kosmetisches Produkt als „tierversuchsfrei" kennzeichnen. Die Vergabe jedes Siegels erfolgt anhand von klar definierten Voraussetzungen, die kontrolliert werden:

Internationaler Herstellerverband tierschutzgeprüfter Naturkosmetik, Kosmetik und Naturwaren e.V. (IHTN)
Das Label mit dem Kaninchen mit einer schützenden Hand wird vom Internationalen Herstellerverband tierschutzgeprüfter Naturkosmetik, Kosmetik und Naturwaren e.V. (IHTN), früher Internationaler Herstellerverband gegen Tierversuche in der Kosmetik e.V. (IHTK), vergeben. Die Hersteller von Produkten mit diesem Markenzeichen erfüllen die Richtlinien des Deutschen Tierschutzbundes in vollem Umfang. Bei den zertifizierten Produkten muss rechtsverbindlich erklärt werden, dass
- keine Tierversuche für Entwicklung und Herstellung der Endprodukte durchgeführt werden,

---

[82] Vgl. http://www.dialog-kosmetik.de/fileadmin/media/download/Grundlagenpapier.pdf (19.05.2017).

- keine Rohstoffe verarbeitet werden, die nach dem 1. Januar 1979 im Tierversuch getestet wurden,
- keine Rohstoffe Verwendung finden, deren Gewinnung mit Tierquälerei (z. B. Bärengalle) oder Ausrottung (z. B. Moschus, Schildkrötenöl) verbunden ist oder für die Tiere eigens getötet wurden (z. B. Cochenille, Seidenpulver), und
- eine wirtschaftliche Abhängigkeit zu anderen Firmen besteht, die Tierversuche durchführen oder in Auftrag geben.[83]

Kontrollierte Natur-Kosmetik (BDIH)
Der Bundesverband der Industrie- und Handelsunternehmen für Arzneimittel, Reformwaren, Nahrungsergänzungsmittel und kosmetische Mittel e.V. (BDIH) hat 2001 das Prüfzeichen „BDIH Standard" für kontrollierte Naturkosmetik ins Leben gerufen. Weder bei der Herstellung noch bei der Entwicklung oder Prüfung der Endprodukte dürfen Tierversuche durchgeführt oder in Auftrag gegeben werden. Rohstoffe, die nach dem 31. Dezember 1997 im Tierversuch getestet wurden, dürfen nicht verwendet werden. Außer Betracht bleiben Tierversuche, die durch Dritte durchgeführt wurden, die weder im Auftrag oder auf Veranlassung des Rohstoffherstellers, des Rohstoffanbieters oder des Herstellers des Endproduktes gehandelt haben, noch mit diesen gesellschaftsrechtlich verbunden sind. Der Einsatz von Stoffen, die von Tieren produziert werden (z.B. Milch, Honig), ist gestattet. Der Einsatz von Rohstoffen aus toten Wirbeltieren (z.B. Emuöl, Nerzöl, Murmeltierfett, tierische Fette, Collagen und Frischzellen) ist nicht gestattet.[84]

---

[83] Vgl. http://www.tierschutzbund.de/kosmetik-positivliste.html (19.05.2017).
[84] Vgl. http://www.kontrollierte-naturkosmetik.de/richtlinie.htm (19.05.2017).

Humane Cosmetics Standard (HCS)
Das Springende Kaninchen (Humane Cosmetics Standard HCS) ist ein Siegel der European Coalition to End Animal Experiments (ECEAE) und Cruelty Free International (CFI). Mit diesem Siegel ausgezeichnete Produkte garantieren, dass das Endprodukt und die Inhaltsstoffe nicht an Tieren getestet wurden, die Zulieferbetriebe die Inhaltsstoffe nicht an Tieren testen und die Firma einen Stichtag festlegt, ab dem keine Tierversuche für Inhaltsstoffe mehr durchgeführt werden dürfen.[85]

Veganblume
Die Veganblume, eine Art Sonnenblume in einem Kreis, wird von der Vegan Society England vergeben. Es dürfen keine Tierversuche durchgeführt oder in Auftrag gegeben werden. Auch Rohstofflieferanten dürfen keine Tierversuche durchführen oder in Auftrag geben. Es dürfen keinerlei Tierprodukte verwendet werden, d. h. das Produkt muss vegan sein.[86]

---

85 Vgl. http://www.eceae.org/de/about-us/our-humane-standards/ (19.05.2017).
86 Vgl. https://www.vegansociety.com/your-business/vegan-trademark-standards; http://www.vier-pfoten.de/kampagnen/tierversuche/kosmetik-und-tierversuche/labels-fuer-tierversuchsfreie-kosmetik/ (19.05.2017).

Beispiele 3R: Tierversuch und Alternativmethoden zur Untersuchung auf Augenreizung - und ätzung

Bei dem Draize-Test - benannt nach dem amerikanischen Toxikologen John Henry Draize - wird die zu prüfende Substanz drei Albinokaninchen in den Lidsack eines Auges geträufelt und das Auge nach 24 Stunden ausgewaschen. Es folgen Untersuchungen auf Schädigungen der Bindehaut, der Hornhaut und der Iris. Der Draize-Test ist aus mehreren Gründen äußerst umstritten: Er ist nur schlecht reproduzierbar, d. h. verschiedene Testerinnen und Tester kommen in verschiedenen Laboren bei der Begutachtung der Schädigungen zu unterschiedlichen Ergebnissen. Außerdem ist die Hornhaut sehr schmerzempfindlich. Und schließlich wird kritisiert, dass das Auge des Kaninchens nicht ohne Weiteres mit dem des Menschen vergleichbar sei. Aufgrund dieser Mängel wird der Draize-Test nur noch als Ergänzung auf schwach reizende Eigenschaften eingesetzt. Für diese stehen derzeit noch keine gleichwertigen anerkannten Alternativmethoden zur Verfügung.

Mit dem HET-CAM-Test (Hühnerei-Test an der Chorion-Allantois-Membran) wird die Haut- und Augenverträglichkeit von Substanzen an Hühnereiern getestet. Für den Test wird die zu prüfende Substanz auf die Chorion-Allantois-Membran (CAM) gebracht. Die CAM ist die Aderhaut eines Eies. Chorion und Allantois sind Fruchthüllen, die den Embryo bei Wirbeltieren umgeben. Die Membran ist von Blutgefäßen durchzogen und schmerzunempfindlich. Der Test wird an bebrüteten Eiern der Hühnerrasse White Leghorn durchgeführt, und zwar vor dem zehnten Bebrütungstag. Damit ist gewährleistet, dass der Hühnerembryo noch kein Schmerzempfinden hat. Die Reaktionen der Membran (Blutungen, Veränderungen der Blutgefäße oder des Eiklars) werden beobachtet und ausgewertet. Der HET-CAM-Test ist für ätzende und besonders stark reizende Substanzen anerkannt.

Bei dem Ex Vivo Eye Irritation Test (EVEIT) werden Hornhäute von geschlachteten Kaninchen bis zu 28 Tage in Kammern kultiviert, wobei der Stoffwechsel der Zellen stabil gehalten wird. Die Testchemikalie wird dann auf die Hornhautkultur aufgegeben. Anschließend können geschädigte Bereiche mit verschiedenen Methoden untersucht werden. Umgekehrt kann auch der Heilungsverlauf künstlich geschädigter Hornhautkultur in vitro (= im Reagenzglas) untersucht werden, nachdem z.B. ein neues Augenarzneimittel auf die Kultur aufgegeben worden ist. Mit dem Test können auch wiederholte Substanzanwendungen bis zu 100 Mal am Tag getestet werden. EVEIT ähnelnde Tests werden mit Augen geschlachteter Rinder oder Hühner durchgeführt.[87]

---

[87] Almuth Hirt, Christoph Maisack, Johanna Moritz; Tierschutzgesetz Kommentar: TierSchG mit TierSchHundeV, TierSchNutztV, TierSchVersV, TierSchutzTrV, EU-Tiertransport-VO, TierSchlV, EU-Tierschlacht-VO, München, 3. Aufl. 2016, 319, Randnr. 55
Haushaltsprodukte: Tierversuche und tierversuchsfreie Verfahren in der Übersicht, tierrechte 3/2015, 7
http://www.acto.de/eveit.html (19.05.2017)
http://www.invitrojobs.com/index.php/de/forschung-methoden/arbeitsgruppe-im-portrait/item/791-arbeitsgruppe-im-portrait-acto-e-v (19.05.2017)
https://www.tierschutzbund.de/fileadmin/user_upload/Downloads/Broschueren/Akademie_fuer_Tierschutz.pdf (19.05.2017)

Tierversuche: Auf den Menschen übertragbar?

Medikamente, die auf den Markt gelangen sollen, müssen zuvor langwierigen und aufwändigen Tests unterzogen werden. So soll sichergestellt werden, dass das Arzneimittel beim erkrankten Menschen wirksam ist und keine schweren Nebenwirkungen hervorruft. Die Tests werden zunächst in einer vorklinischen (= präklinischen) Phase, zu denen auch Tierversuche gehören, durchgeführt. Nur Medikamente, die diese Phase überstehen, werden in der klinischen Phase auch am Menschen getestet. Von etwa zehn Mitteln, die die vorklinische Phase überstehen, besteht nur ein einziges die klinische Phase. Kann daraus geschlossen werden, dass die Ergebnisse von Tierversuchen nicht auf den Menschen übertragbar sind? Für die Beantwortung dieser Frage ist ein genauerer Blick auf die Testphasen und auf die Durchführung von Tierversuchen erforderlich.

Hohe Durchfallquote von Medikamenten beim Test am Menschen

Die Zahlen selbst sprechen eine klare Sprache und sind auch nicht umstritten: 2004 stellte eine Studie der für die Überwachung von Lebensmitteln und die Zulassung von Arzneimitteln zuständigen US-amerikanischen Behörde Food and Drug Administration (FDA) fest, dass nur 8 Prozent der Medikamente, die über ein Jahrzehnt entwickelt und in der vorklinischen Phase getestet wurden, die klinische Phase bestehen und auf den Markt kommen. Dieses Ergebnis stelle eine Verschlechterung gegenüber einer früheren Studie dar, wonach die Erfolgsquote bei 14 Prozent liege.[88] Neuere

---

[88] Vgl. http://www.fda.gov/ScienceResearch/SpecialTopics/CriticalPathInitiative/CriticalPathOpportunitiesReports/ucm077262.htm (19.05.2017).

Studien bestätigen das schlechte Ergebnis und lassen sogar noch eine weitere Verschlechterung erkennen: Die umfangreichste Studie aus 2014 zeigt, dass von 4451 Medikamenten, die zwischen 2003 und 2011 von 835 Firmen entwickelt wurden, nur 7,5 % auf den Markt kamen. D.h. 92,5 % bestanden nicht die klinische Prüfung am Menschen. Als besonders schlecht erwiesen sich Medikamente zur Behandlung von Krebs, Herzleiden und psychischen Erkrankungen.[89]

Bedenkt man, dass zahlreiche Medikamente, die es auf den Markt geschafft haben, wegen schwerer Nebenwirkungen, die in Tierversuchen nicht erkannt worden sind, mit Warnhinweisen versehen oder sogar ganz zurückgezogen werden mussten, dann ergibt sich ein noch negativeres Bild.[90]

Die reinen Zahlen sind ernüchternd. Um sie sachlich zu bewerten, müssen wir aber weg von der reinen Betrachtung der Zahlen hin zu ihrer Deutung. Dazu werfen wir zunächst einen genaueren Blick auf die Testphasen, die ein Medikament vor der Zulassung durchlaufen muss.

Die vorklinische und die klinische Testphase

Zentraler Bestandteil jedes Medikaments ist sein Wirkstoff, also ein Stoff, der im Körper eine heilende oder lindernde Wirkung erzielt. Ist nach langer Suche ein Wirkstoffkandidat gefunden, muss getestet werden, ob er wirksam und sicher ist, denn nur dann wird ein Wirkstoff zugelassen. Der Weg vom Start eines

---

89   Vgl. Michael Hay et al.: Clinical development success rates for investigational drugs, Nature Biotechnology 32/1 (2014), S. 40-51. Weitere Studien: John Arrowsmith: A decade of change, Nature Reviews Drug Discovery 11 (2012), S. 17-18; Pressemitteilung KMR Group Inc.: Annual R&D General Metrics Study Highlights New Success Rate and Cycle Time Data CHICAGO, Illinois, 08.08.2012.
90   Eine Liste der Risikomedikamente haben die Ärzte gegen Tierversuche e. V. erstellt. Als zwei besonders bekannte Beispiele werden Thalidomid (Contergan®) und Cerivastatin (Lipobay®) genannt. Thalidomid (Contergan®) ist ein Schlafmittel, das Anfang der 1960er Jahren als sicher angepriesen und von Frauen in der Schwangerschaft eingenommen worden war. Bei den Embryonen bzw. Föten dieser Frauen kam es infolge der Einnahme des Schlafmittels zu schwersten Missbildungen. An den Mäusen und Ratten, an denen Thalidomid vor der Zulassung getestet worden war, waren keine missbildenden Schäden aufgetreten. Cerivastatin (Lipobay®) ist ein Blutfettsenker, der zu Muskelzerfall und zum Tode führen kann.

Arzneimittelprojektes bis zur Zulassung eines Medikamentes ist langwierig: Er besteht aus vielen hundert Einzelschritten und dauert im Schnitt mehr als 13 Jahre.

Bevor ein Wirkstoffkandidat anhand von Menschen erprobt wird, muss er ein rigoroses, umfassendes Prüfprogramm bestehen: die vorklinische Entwicklung. In dieser Testphase muss das Risiko des Auftretens unerwünschter Nebenwirkungen bestimmt werden. Deshalb untersuchen Toxikologen, ob - und wenn ja, ab welcher Konzentration - der Wirkstoffkandidat giftig ist, ob er Embryonen schädigt, Krebs auslöst oder Veränderungen des Erbguts hervorruft. Am Anfang steht die Bewertung mit dem Computer. Hochkomplexe Programme vergleichen die Struktur der neuen Substanz mit dem Aufbau bereits bekannter Stoffe. In einem zweiten Schritt wird der Wirkstoff „im Reagenzglas" getestet. An Zellkulturen untersuchen die Wissenschaftlerinnen und Wissenschaftler, ob der Wirkstoff bestimmte biologische Reaktionen auslöst, die zu schwerwiegenden Nebenwirkungen führen können. Die meisten untersuchten Substanzen fallen in diesem Test durch und werden nicht weiter getestet. Die wenigen nach diesen Tests im Rennen verbliebenen Wirkstoffkandidaten müssen ihre Wirksamkeit und Sicherheit auch im Tierversuch unter Beweis stellen. Das ist nötig, weil sich ein Gesamtorganismus anders verhält als eine isolierte Zelle. Bislang ist kein Testsystem geeignet, die Komplexität der Wechselwirkungen im lebenden Organismus vollständig nachzuvollziehen. Außerdem suchen Computersimulationen und Untersuchungen „im Reagenzglas" nur nach bereits bekannten möglichen Wirkungen einer Substanz; erst der Tierversuch zeigt, ob es andere, unbekannte Wirkungen einer Substanz gibt. Auch die richtige Dosis für den Wirkstoff wird im Tierversuch ermittelt. Oftmals sind die Tierversuche gesetzlich vorgeschrieben und die Voraussetzung dafür, dass ein Wirkstoffkandidat auch am Menschen getestet werden darf. Aufgrund der Komplexität, der hohen Kosten und ethischer Bedenken stehen die Tierversuche erst am Ende der vorklinischen Entwicklung. Aufgrund der großen Bedeutung genetisch veränderter Tiere nimmt deren Anteil an der Gesamtzahl der Tierversuche zu.

Wenn ein Wirkstoffkandidat alle vorklinischen Tests positiv abgeschlossen hat, kann er erstmals bei Menschen angewendet werden, die sich freiwillig als Testpersonen zur Verfügung stellen.

Damit beginnt der Abschnitt der sogenannten klinischen Prüfungen bzw. klinischen Studien; der letzte Schritt vor der Zulassung der Medikamente. Dieser Abschnitt gliedert sich grundsätzlich in drei Phasen: In der ersten Phase wird der Wirkstoff an wenigen Gesunden geteste: den Probandinnen und Probanden; in der zweiten Phase an wenigen und in der dritten an vielen Kranken.[91]

Die vorklinischen Tests bilden nur unzureichend die Reaktionen im menschlichen Körper ab

Wenn nur weniger als jedes zehnte Medikament, das die vorklinische Testphase positiv abgeschlossen hat, auch die klinischen Tests besteht, dann bedeutet das, dass sämtliche in der vorklinischen Phase durchgeführten Tests unzuverlässig waren. Zu diesen Tests gehören nicht nur Tierversuche, sondern auch die tierversuchsfreien Testmethoden. Es zeigt sich, dass nach bisherigem Stand selbst die Abfolge verschiedener Testmethoden in der Entwicklung von Medikamenten nicht möglich macht, die Reaktionen im menschlichen Körper zuverlässig abzuschätzen.

Andererseits wird ein großer Teil der Wirkstoffkandidaten in der vorklinischen Phase aussortiert, insbesonere mittels der Tests mit Zellkulturen. Nun kann es natürlich sein, dass sich unter den aussortierten Wirkstoffkandidaten solche befinden, die sich in der klinischen Phase als wirksam und sicher erwiesen hätten. Diese wären zu Unrecht aussortiert worden. Dies kann allerdings nicht nur den Tierversuchen angelastet werden, denn sie stehen ja am Ende einer Vielzahl verschiedener Testmethoden während der vorklinischen Phase. Bei allen Testmethoden besteht die Gefahr, dass Wirkstoffkandidaten falsch bewertet werden. Allerdings gibt es bei den Tests in der klinischen Phase nur wenige ernsthafte Komplikationen. Das spricht dafür, dass Tierversuche durchaus eine ungefähre Vorstellung davon geben können, wie menschliche Testpersonen reagieren werden.

---

91   Vgl.   https://www.vfa.de/de/arzneimittel-forschung/so-funktioniert-pharmaforschung/so-entsteht-ein-medikament.html; http://www.verantwortlich-forschen.de/entwicklung1.html; http://www.bfarm.de/DE/Buerger/Arzneimittel/Arzneimittelentwicklung/_node.html (jeweils 19.05.2017).

Ein Großteil der Medikamente, die in der klinischen Phase aussortiert werden, scheitert nicht in der ersten, sondern in der zweiten oder dritten klinischen Phase oder bei der Zulassung. Das bedeutet, dass selbst Versuche am Menschen nur bedingt übertragbar sind. Daraus wird man aber kaum die Schlussfolgerung ziehen können, dass der Mensch ein ungeeignetes Testobjekt ist.[92]

Selbst wenn sämtliche vorklinischen und klinischen Tests erfolgreich verlaufen, können unerwünschte Nebenwirkungen nach der Marktzulassung nicht mit Bestimmtheit ausgeschlossen werden. Jeder Mensch stellt nämlich ein Individuum dar, bei dem die Reaktion unvorhergesehen ausfallen kann. Um Haftungsrisiken möglichst auszuschließen, werden Medikamente mit Beipackzettel in den Handel gebracht. Auf diesen werden alle Risiken und Nebenwirkungen aufgeführt, die irgendwann einmal aufgetreten sind, unabhängig von der Wahrscheinlichkeit ihres Auftretens.

Für die richtige Bewertung von Wirkstoffkandidaten ist es wichtig, dass die Tests korrekt durchgeführt und die dazugehörigen Berichte sorgfältig verfasst werden. Eine solche Vorgehensweise darf nicht durch Zeitdruck und übermäßiges Gewinnstreben gefährdet werden.

Fachgerechte Durchführung von Tierversuchen erforderlich

Für alle Testmethoden gilt, dass eine fehlerhafte Durchführung die Aussagekraft schmälert. Deshalb - und bei Tierversuchen auch aus ethischen Gründen - dürfen sie nur von Fachpersonal und auch nur von legitimierten Unternehmen oder Instituten durchgeführt werden. Was ist bei der Durchführung von Tierversuchen zu beachten?

Der erste Schritt der Versuchsplanung besteht darin, eine möglichst präzise Fragestellung zu formulieren. Von dieser Fragestellung hängt das sogenannte Versuchsdesign ab: Welche Tierart wird für den Versuch verwendet? An wie vielen Tieren werden die Versuche durchgeführt? Wie sieht das genaue

---

92 Vgl. https://speakingofresearch.com/2013/01/23/nine-out-of-ten-statistics-are-taken-out-of-context/ (19.05.2017).

Versuchsverfahren aus? Gerade die Zahl der Tiere ist mit Bedacht zu wählen: Einerseits geht es darum, das Tierleid zu minimieren, was für eine möglichst niedrige Tierzahl spricht. Andererseits muss der Versuch zuverlässige Ergebnisse liefern, die reproduzierbar sind, also bei mehrfacher Durchführung auch in anderen Labors zum gleichen oder mindestens zu einem ähnlichen Ergebnis führen. Das spricht dafür, die Zahl der Versuchstiere nicht zu niedrig anzusetzen.

Eine Tierart ist für einen Versuch nur dann geeignet, wenn sie der Zielspezies, auf die die Ergebnisse übertragen werden, in relevanten Aspekten hinreichend ähnlich ist. Evolutionsbiologisch sind bestimmte Affenarten dem Menschen besonders ähnlich, weshalb sie in der Vergangenheit häufig für Tierversuche herangezogen wurden. Gerade die große Ähnlichkeit zwischen dem Affen und dem Menschen hat aber dazu geführt, dass aus ethischen Gründen die Zahl der Tierversuche mit Affen stark reduziert oder - im Falle der Menschenaffen - sogar ganz eingestellt wurden. Zudem ist nicht bei allen Fragestellungen eine hinreichende Ähnlichkeit zwischen Affe und Mensch gegeben. Heutzutage werden statt der Affen häufig Mäuse für Versuche verwendet. Mäuse und Menschen unterscheiden sich zwar äußerlich sehr, sind einander genetisch betrachtet jedoch überraschend ähnlich, was die Prinzipien des Körperbaus und die Funktion ihrer Organe angeht. Neben den natürlichen, in der Evolution begründeten Gemeinsamkeiten, können für bestimmte Tests durch genetische Veränderungen die Unterschiede zwischen Maus und Mensch weiter verringert werden.

Neben der Wahl einer geeigneten Tierart ist auch eine der jeweiligen Art angemessene Tierhaltung von großer Bedeutung. Jedes Tier ist - ebenso wie der Mensch - ein Individuum, das sich je nach Herkunft, Haltung und konkreter Situation unterschiedlich verhält. Eine aus der freien Natur gefangene Maus verhält sich anders als eine, die im Käfig aufgezogen wurde; eine ruhige Maus verhält sich anders als eine gestresste. Daher ist es nicht nur aus Gründen des Artenschutzes äußerst fragwürdig, wenn bestimmte Affenarten in freier Wildbahn gefangen und in Zuchtstationen gepfercht werden: Auch die Tierversuche werden dadurch nicht unwesentlich verfälscht. Sollen diese einen möglichst großen Erkenntnisgewinn bringen, dann müssen sowohl die vererbten

Gene als auch der lebensgeschichtliche Hintergrund der Tiere bekannt sein. Daher werden für die Vesuche Tiere verwendet, die eigens dafür in Deutschland oder der Europäischen Union gezüchtet wurden. Die Versuchstiere müssen unter möglichst optimalen Bedingungen gehalten werden, d.h. sie müssen ausreichend Platz und ein auf sie zugeschnittenes Lebensumfeld haben. Aus diesem Grund werden neue Tierhäuser errichtet.[93]

Die zentrale Bedeutung eines sorgfältigen Versuchsprotokolls

Nach dem Versuch wird überprüft, ob das tatsächliche Ergebnis mit dem erwarteten, der Versuchshypothese, übereinstimmt. Der gesamte Versuch von der präzisen Fragestellung über die geplanten bzw. angewandten Methoden, Versuchsabläufe und Abweichungen vom Versuchsplan bis hin zur Auswertung des Ergebnisses muss sorgfältig protokolliert werden. Dies ist nicht nur aus ethischen Gründen notwendig, weil der Erkenntnisgewinn aus dem Versuch die Belastung des Tieres rechtfertigen muss. Aus wissenschaftlicher Sicht stellt nur ein sorgfältiges und publiziertes Versuchsprotokoll sicher, dass die Ergebnisse zuverlässig und reproduzierbar sind und Fehler nicht wiederholt werden.[94]

In der Realität gibt es jedoch bei der Haltung der Versuchstiere und der Planung, Durchführung und Auswertung der Tierversuche Defizite. So untersuchten Forschende der Universität Bern im Auftrag des Bundesamts für Lebensmittelsicherheit und Veterinärwesen (BLV) die wissenschaftliche Qualität von Tierversuchen in der Schweiz. Ihre Untersuchungen deuten auf verbreitete Mängel

---

93   Vgl. Was Sie über Tierversuche wissen sollten. Aktuelles und Wissenswertes über die Forschung mit Tieren, hrsg. von der Veterinärmedizinischen Universität Wien, 2016 (im Internet aufrufbar unter https://www.vetmeduni.ac.at/fileadmin/v/z/forschung/infobroschuere_tierversuche_06-2016.pdf). Ausführlich zu den praktischen Aspekten der Versuchsdurchführung und Haltung von Versuchstieren siehe Regina Binder (Hrsg.): Wissenschaftliche Verantwortung im Tierversuch: ein Handbuch für die Praxis, Baden-Baden 2013.
94   Vgl. Was Sie über Tierversuche wissen sollten. Aktuelles und Wissenswertes über die Forschung mit Tieren, hrsg. von der Veterinärmedizinischen Universität Wien, 2016 (im Internet aufrufbar unter https://www.vetmeduni.ac.at/fileadmin/v/z/forschung/infobroschuere_tierversuche_06-2016.pdf).

in der Forschungspraxis hin. Diese wurden mit mangelndem Problembewusstsein und ungenügenden Kenntnissen erklärt. Um die Methoden der Forschungspraxis zu verbessern, seien verstärkt Investitionen in die Aus- und Weiterbildung erforderlich. Auch solle geprüft werden, wie das Genehmigungsverfahren für Tierversuche verbessert werden kann.[95]

Die Bedeutung von Zeit und Geld beim Testen von Medikamentenproben

Fehler bei der Versuchsdurchführung kommen nicht nur bei Tierversuchen vor, sondern auch bei anderen Tests. Wesentliche Faktoren sind auch hier mangelndes Problembewusstsein, Wissenslücken sowie Zeitdruck.

Wenn ein Medikament während der Testphasen aussortiert wird, heißt dies nicht unbedingt, dass es in Tests gescheitert ist. Ebenso können finanzielle Gründe wie zu hohe Kosten bei der Entwicklung oder Unsicherheiten im Hinblick auf die Zulassung eine Rolle spielen. Um Kosten und Zeit zu sparen, ohne Risiken heraufzubeschwören, werden bei der Entwicklung und Unbedenklichkeitsprüfung von Medikamenten automatisierte Verfahren angewandt. So lassen sich beim Hochdurchsatz-Screening (High-Throughput-Screening) von Robotern viele Proben an Zellkulturen oder lebenden Tieren wie Würmern oder Zebrafisch-Embryonen gleichzeitig testen. Dieses Verfahren beschleunigt die Tests nicht nur, sondern ermöglicht es auch, die Proben ganz genau zu definieren, zu standardisieren und Fehler zu minimieren. Die große Datenmenge wird anschließend mit computergestützten Verfahren ausgewertet. Das Hochdurchsatz-Screening ist technisch aufwändig und wird nur noch von voll- oder zumindest teilautomatisiert arbeitenden Laboren durchgeführt.[96] Umfassende und präzise Analysen von Zellveränderungen

---

95 Vgl. http://www.unibe.ch/aktuell/medien/media_relations/archiv/news/2016/medienmitteilungen_2016/untersuchungen_zur_qualitaet_von_tierversuchen_in_der_schweiz/index_ger.html (19.05.2017).
96 Vgl. http://www.wikiwand.com/de/Hochdurchsatz-Screening http://www.git-labor.de/forschung/pharma-drug-discovery/hochdurchsatz-screening (jeweils 19.05.2017).

aufgrund der Zugabe von Wirkstoffen lassen sich mittels des High-Content-Screenings erstellen. Dieses Verfahren basiert auf dem neuartigen Ansatz, mittels Hochdurchsatzmikroskopie eine große Zahl Bilder von Zellen aufzunehmen und diese computergestützt auszuwerten.[97]

Hohe Sicherheitsanforderungen erschweren bei der Entwicklung von Medikamenten den Verzicht auf Tierversuche

Bei der Entwicklung von Medikamenten müssen hohe Ansprüche an die Sicherheit gestellt werden, und zwar noch höhere als bei Chemikalien. Ist eine Chemikalie ätzend, so kann sie bei bestimmten Sicherheitsvorkehrungen - beispielsweise dem Überziehen von Handschuhen - dennoch verwendet werden. Bei der Einnahme eines Medikaments sind solche Möglichkeiten des Schutzes nicht gegeben. Somit ist die kranke Person darauf angewiesen, dass das Medikament, das eine bestimmte Krankheit heilen soll, keine oder nur geringe Nebenwirkungen aufweist. Die Zulassung nicht ausreichend oder fehlerhaft geprüfter Medikamente kann fatale Folgen haben. Deswegen ist ein sorgfältiger Test des Medikamentes in einer Vielzahl von Verfahren und Schritten unabdingbar. Durch moderne Alternativverfahren können Tierversuche auf ein möglichst geringes Maß reduziert werden, ein Test am lebendigen Organismus ist jedoch weiterhin unverzichtbar. Ein Medikament am Menschen zu testen, bevor seine Verträglichkeit am Tier getestet wurde, ließe sich schwer vertreten.

---

97   http://www.ime.fraunhofer.de/de/geschaeftsfelder_MB/serviceleistungen/high_content_screening.html (19.05.2017).

Xenotransplantation

Organe von Tieren für Menschen? Dieser Gedanke erscheint zunächst einmal abwegig und befremdlich. Dennoch wird an einer solchen Organübertragung, „Xenotransplantation" genannt, geforscht. Grund dafür ist die Alterung der Gesellschaft, die dazu führt, dass immer mehr Menschen ein neues Organ benötigen. Da sich der Bedarf mit Organen von menschlichen Spendern derzeit nicht decken lässt, sollen auch tierische Organe herangezogen werden. Dieses Vorhaben stößt aber nicht nur auf medizinische Schwierigkeiten, sondern sieht sich auch ethischen Einwänden gegenüber.

Das Problem: Der Mangel an Spenderorganen

Fortschritte im Gesundheitswesen und im Bereich der Hygiene, bessere Ernährung, komfortableres Wohnen, bessere Arbeitsbedingungen sowie höhere Sicherheitsstandards und Maßnahmen zur Unfallvermeidung haben dazu geführt, dass die Menschen immer länger leben und auch immer höhere Ansprüche an ihren Lebensabend stellen. Weil der menschliche Körper nur für eine begrenzte Lebenszeit gemacht ist und mit steigendem Alter die Gefahr zunimmt, dass Organe erkranken und schlimmstenfalls ihren Dienst versagen, werden immer mehr Spenderorgane benötigt. Die Mehrheit der Bevölkerung steht zwar der Organspende positiv gegenüber, aber nur etwa 35 Prozent haben ihre Entscheidung in einem Organspendeausweis festgehalten. In den Krankenhäusern entscheiden in neun von zehn Fällen die Angehörigen über eine Organspende, weil die verstorbene Person ihre Entscheidung nicht mitgeteilt oder dokumentiert hat. Neben der Spende nach dem Tod ist es möglich, eine Niere oder einen Teil der Leber bereits zu Lebzeiten zu spenden. Nach dem Transplantationsgesetz sind Lebendspenden allerdings nur unter nahen Verwandten und einander persönlich eng verbundenen Personen zulässig.

Die Anzahl der bundesweiten Organspenderinnen und Organspender war 2016 mit 857 (2015: 877, 2014: 864, 2013: 876, 2012: 1046, 2011: 1200) erneut rückläufig. Dabei wurden von jeder Spenderin und jedem Spender durchschnittlich 3,3 Organe entnommen und transplantiert. Weil die Zahl der Spenderorgane unter derjenigen der benötigten Organe liegt, kommen Patientinnen oder Patienten gewöhnlich zunächst so lange auf eine Warteliste, bis für sie das benötigte Organ zur Verfügung steht. Zum Stichtag 31. Dezember 2016 standen in Deutschland 10128 Menschen auf der Warteliste für ein Spenderorgan. Die große Mehrheit, nämlich 7876, wartete auf eine neue Niere, der verbleibende Rest auf eine Leber (1157), ein Herz (725), eine Lunge (390), eine Bauchspeicheldrüse (Pankreas; 270) und einen Dünndarm (9).[98] Hinzu kommt eine große Zahl Menschen, die es aufgrund der strengen Aufnahmekriterien nicht auf die Warteliste geschafft hat, obwohl sie durchaus an einem Spenderorgan Bedarf hätte.

Erhöhung der Zahl der Spenderorgane durch gesetzliche Regelungen

Den naheliegendsten Weg, die Zahl der Organspender/innen und damit auch die Zahl der gespendeten Organe zu erhöhen, stellen Gesetzesänderungen dar. In Deutschland gilt seit 1. November 2012 die Entscheidungslösung: Alle Bürger/innen sollen die eigene Bereitschaft zur Organ- und Gewebespende auf der Grundlage fundierter Informationen prüfen und schriftlich festhalten. In Deutschland stellen die gesetzlichen und privaten Krankenkassen ihren Versicherten derzeit alle zwei Jahre einen Organspendeausweis zur Verfügung, verbunden mit der Aufforderung, seine persönliche Entscheidung in diesem Dokument schriftlich festzuhalten. Der Wille des bzw. der

---

98   Vgl.   https://www.dso.de/organspende-und-transplantation/thema-organspende.html; Jahresbericht Organspende und Transplantation in Deutschland 2016, hrsg. von der Deutschen Stiftung Organtransplantation (DSO), Frankfurt a. M. 2017 (im Internet abrufbar unter https://www.organspende-info.de/sites/all/files/files/JB_2016_Web(1).pdf). Zur Frage, wie man auf eine Warteliste kommt, siehe http://www.transplantation-verstehen.de/etappen/die-wartezeit/postmortale-organspende.html?step=stage.1.3-postmortal_donation.2.   Alle angegebenen Webseiten Stand 19.05.2017.

Verstorbenen zu Lebzeiten hat Vorrang. Ist er nicht dokumentiert oder bekannt, entscheiden die nächsten Angehörigen auf der Grundlage des mutmaßlichen Willens des bzw. der Verstorbenen. Die Entscheidungslösung hat die erweiterte Zustimmungsregelung abgelöst. Diese besagte, dass die verstorbene Person zu Lebzeiten, z.B. per Organspendeausweis, einer Organentnahme zugestimmt haben muss. Liegt keine Zustimmung vor, so können die Angehörigen auf Grundlage des ihnen bekannten oder mutmaßlichen Willens der verstorbenen Person über eine Entnahme entscheiden.[99] Je stärker der Gesetzgeber auf Zustimmung setzt, desto geringer ist die Wahrscheinlichkeit, dass eine ausreichende Zahl Organe gespendet wird. Nur Menschen, denen das Thema am Herzen liegt, werden aktiv zustimmen. Vielen Menschen ist die Organspende nicht so wichtig, vielleicht, weil sie nicht selbst betroffen sind oder keine betroffene Person im Verwandten- und Bekanntenkreis haben. Daher stimmen sie nicht ausdrücklich einer Organspende zu, obwohl sie dieser gegenüber vielleicht nicht grundsätzlich abgeneigt sind.

Um die Hürden für eine Organspende so niedrig wie möglich anzusetzen, wird in zahlreichen europäischen Ländern - beispielsweise Österreich, Belgien und Luxemburg - der umgekehrte Weg beschritten: Wer nicht ausdrücklich einer Organspende widerspricht, kann nach dem Tod für eine solche herangezogen werden. Eine solche Vorgehensweise wird als Widerspruchslösung bezeichnet. In einigen Ländern haben die Angehörigen das Recht, der Entnahme und Transplantation von Organen der verstorbenen Person zu widersprechen.[100] Auch wenn grundsätzlich die Organspende positiv bewertet wird, weil sich damit das Leben eines Menschen verlängern oder retten lässt, gibt es jedoch auch Bedenken gegen die Widerspruchslösung: So müssen die Organe bei der Entnahme noch funktionieren. Das ist nur möglich, wenn der Mensch bei der Entnahme von Organen zwar offiziell für tot erklärt worden, der Körper aber noch nicht gänzlich abgestorben ist. Dies ist die Phase unmittelbar nach dem

---

99 https://www.dso.de/organspende-und-transplantation/gesetzliche-grundlagen.html (19.05.2017).
100 https://www.dso.de/uploads/tx_dsodl/GesetzlicheRegelungen_2014_10_a.pdf (19.05.2017).

sogenannten Hirntod, wenn das Gehirn des Menschen vollständig und endgültig ausgefallen ist. Meistens geschieht dies innerhalb von Minuten nach dem endgültigen Herz-Kreislaufstillstand. Selten kommt es aber auch vor, dass die Hirndurchblutung schon vor dem Herz-Kreislaufstillstand aufhört, und zwar dann, wenn der Druck im Gehirnschädel den Blutdruck übersteigt. Durch maschinelle Beatmung und Medikamente kann nach dem Hirntod der Herz-Kreislaufstillstand für eine gewisse Zeit hinausgezögert werden. Da unter diesen Bedingungen die Organe weiter durchblutet werden, besteht die Möglichkeit, Organe für die Transplantation zu entnehmen. Ist hingegen der Herz-Kreislauf zusammengebrochen, werden die Organe aufgrund der fehlenden Durchblutung und des Sauerstoffmangels zunehmend geschädigt, so dass sie nicht mehr übertragen werden können.[101] Dieser Sachverhalt ist nicht allen Menschen bewusst. Andernfalls würde die Zahl der Widersprüche gegen die Organentnahme und -transplantation nach dem Tod wohl steigen.

Ein großes Problem stellt der illegale Organhandel dar: in armen Ländern verkaufen Menschen ihre Organe, um an Geld zu kommen. Lukrativ ist das Geschäft aber weniger für die Organspender/innen, die oft nicht die versprochene Summe ausgezahlt bekommen, sondern insbesondere für die Organhändler/innen . Teilweise werden Organe auch mit Gewalt entnommen, wobei die Opfer insbesondere schutzlose Flüchtlinge und - insbesondere in der Volksrepublik China - Strafgefangene sind, die genau dann hingerichtet werden, wenn der Bedarf an Organen am größten ist.[102]

---

101   Vgl. https://www.organspende-info.de/organ-und-gewebespende/verlauf/hirntod (19.05.2017). Ausführlich zu Hirntod und Organtransplantation siehe Gehirntod und Organtransplantation als Anfrage an unser Menschenbild , Beiheft 1995 zur Berliner Theologische Zeitschrift (BThZ); Organtransplantation und Todesfeststellung, Zeitschrift für medizinische Ethik (ZME) 58/2 (2012), S. 97-202; Wolfgang Kröll [Hrsg.], Hirntod und Organtransplantation: medizinische, ethische und rechtliche Betrachtungen, Baden-Baden 2014; Ulrich H. J. Körtner, Christian Kopetzki, Sigrid Müller [Hrsg.], Hirntod und Organtransplantation: zum Stand der Diskussion (Ethik und Recht 12), Wien 2016.
102   Vgl. http://www.organhandel.info/ (19.05.2017).

Züchtung von Geweben und Organen in Kultur

Unabhängig von der gesetzlichen Regelung gilt: Wenn nicht genügend menschliche Spender/innen und damit Organe zur Verfügung stehen, muss eine andere Lösung gefunden werden. Ein möglicher Weg ist es, Gewebe oder sogar ganze Organe in Kulturen zu züchten. Solche Organe könnten nicht nur für Unbedenklichkeitsprüfungen von Chemikalien und Medikamenten benutzt, sondern auch verpflanzt werden. Allerdings ist die künstliche Züchtung und Transplantation von Organen ein sehr schwieriger Vorgang. Die Herstellung von künstlichen Organen ist bereits gelungen und bei eher einfach aufgebauten Organen wie dem Herzen einfacher zu bewerkstelligen als bei komplexen Organen wie der Leber. Allerdings müssen diese Organe auch in der Lage sein, die Funktion der Organe im lebendigen Organismus zu übernehmen und dabei mit den anderen Organen zusammenzuwirken. Diese Schwierigkeiten lassen nicht annehmen, dass in absehbarer Zeit künstliche Organe wie am Fließband produziert werden und wie ein „Ersatzteillager" in der benötigten Zahl vorrätig gehalten werden können.[103] Insofern ist auch die Herstellung von Organen mittels 3D-Druckern noch Zukunftsmusik.

Xenotransplantation: Organübertragung von Tier zu Mensch

Angesichts der Schwierigkeiten bei der Züchtung von Gewebe und Organen ist man auf den Gedanken gekommen, Organe von Tieren auf den Menschen zu übertragen. Dieser Gedanke ist nicht neu: Schon zu Beginn des 20. Jahrhunderts wurden erste tierische Organe in Menschen verpflanzt, wobei sämtliche Organempfänger/innen starben. Die Gründe für das Scheitern

---

103 http://www.organspende-und-transplantation.de/xenotransplantation.htm; Ellen E. Küttel-Pritzer, Ralf R. Tönjes; Tierorgane und Gewebezüchtung als Alternativen zum Spenderorgan?, Aus Politik und Zeitgeschichte (APuZ) 20-21 (2011), S. 36.

der ersten Xenotransplantationen[104] sind medizinischer Art. Schon bei einer Transplantation von Mensch zu Mensch kommt es im Körper der Empfängerin bzw. des Empfängers zu massiven Abstoßungsreaktionen, die nur durch die lebenslange Gabe von Medikamenten (= Immunsuppressiva) unterdrückt werden können. Bei einer Transplantation von Tier zu Mensch fallen die Abstoßungsreaktionen noch heftiger aus. Diese führten in der Vergangenheit unweigerlich zum Tod und verursachen auch heute noch große Probleme. Die Immunsuppressiva unterdrücken nämlich nicht nur die Abwehrreaktion gegenüber Fremdorganen, sondern auch die Abwehr von Krankheitskeimen. Die Betroffenen werden dadurch anfälliger für Krankheiten.

Die gegenwärtig verfügbaren Medikamente sind nicht in der Lage, die heftigeren Abstoßungsreaktionen gegenüber tierischen Organen zu kontrollieren. Daher muss ein Weg gefunden werden, die Abstoßungsreaktionen zu vermindern. Eine Möglichkeit ist es, Tiere zu wählen, deren Organe hinsichtlich des Aufbaus und der Funktionsweise denen der Menschen gleichen. Am ehesten wäre an Menschenaffen zu denken, die jedoch großenteils vom Aussterben bedroht sind und somit nicht infrage kommen. Daher muss man auf andere Affenarten wie den Pavian ausweichen. Allerdings ist beispielsweise das Herz des Pavians viel kleiner als das des Menschen und käme höchstens als Transplantat für Kinder infrage. Zudem pflanzen sich Paviane nur langsam fort und können daher kaum den großen Bedarf an Spenderorganen decken. Als eine Alternative zu Affen sind Schweine vorgeschlagen worden. Schweine bieten in der Tat viele Vorteile: Sie lassen sich problemlos züchten und pflanzen sich zügig und in großer Zahl fort. So ließen sich mit Schweinen tatsächlich genügend Organe produzieren, um den Bedarf zu decken. Wichtiger noch ist, dass ihre Organe hinsichtlich Aufbau und Funktion eine große Ähnlichkeit mit den Organen der Menschen aufweisen. Allerdings fallen bei Schweinen

---

104 Bei einer Allotransplantation stammt das transplantierte Gewebe oder Organ von einem anderen (griechisch: allos) Individuum derselben Art. Ein Mensch erhält also das Gewebe oder Organ eines anderen Menschen oder ein Tier das Gewebe oder Organ eines Tieres der gleichen Art. Bei der Xenotransplantation stammt das transplantierte Gewebe oder Organ von einem Individuum einer anderen Art (griechisch: xenos). Ein Mensch erhält also das Gewebe oder Organ eines Tieres oder ein Tier das Gewebe oder Organ eines Tieres einer anderen Art.

die Abwehrreaktionen des menschlichen Körpers besonders stark aus. Um die Abwehrreaktionen zu mindern, schleust man in das Erbgut der Schweine menschliche Gene ein, so dass man sogenannte transgene Schweine erhält.

Selbst wenn man die ethischen Bedenken hinsichtlich solcher Genmanipulationen außer acht lässt, sind damit nicht die Probleme aus der Welt geschafft. Mit der Organtransplantation vom Tier - konkret dem Schwein - zum Menschen können nämlich Mikroorganismen übertragen werden und bei der Organempfängerin bzw. dem Organempfänger Infektionen verursachen. Diese Gefahr vergrößert sich durch die Einnahme von Immunsuppressiva. Es ist nicht auszuschließen, dass sich diese Infektionen dann in der Bevölkerung ausbreiten. Wie real die Gefahr ist, haben sowohl das Ebola-Fieber als auch das Marburg-Fieber gezeigt. Bei Schweinen stellt insbesondere das Retrovirus PERV (porkines endogenes Retrovirus) eine Gefahr dar, das im Erbgut von Schweinen eingebaut und für diese harmlos ist, aber menschliche Zellen im Reagenzglas infizieren kann. Die Gefahr der Übertragung von Krankheiten könnte vielleicht mittels der Zucht von Tieren, die frei von Krankheitserregern sind und isoliert gehalten werden, minimiert werden. Bisher ist aber trotz vieler Tierversuche für das PERV-Problem noch keine Lösung gefunden worden.[105]

Tierversuche für menschliches Streben nach Gesundheit und langem Leben - ethisch vertretbar?

Weil nicht Menschenleben aufs Spiel gesetzt werden sollen, wird die Xenotransplantation an Tieren erprobt. Dabei werden hauptsächlich Paviane, Rhesus- und Javaneraffen verwendet, denen Organe - insbesondere das Herz - von Schweinen transplantiert

---

105   Vgl.   http://www.organspende-und-transplantation.de/xenotransplantation.htm (19.05.2017); Ralf R. Tönjes; Tierorgane und Gewebezüchtung als Alternativen zum Spenderorgan?, Aus Politik und Zeitgeschichte (APuZ) 20-21 (2011), S. 38-39; Jochen Sautermeister: Xenotransplantation, in: K. Hilpert, J. Sautermeister [Hrsg.], Organspende - Herausforderung für den Lebensschutz, Freiburg i. Br. - Basel - Wien 2014, S. 360-372; Ärzte gegen Tierversuche e. V., Xenotransplantation. Unendliches Tierleid und unkalkulierbares Risiko, 2015.

werden. Sowohl für die Schweine als auch für die Affen sind die Versuche mit großen Qualen verbunden und führen meist zum Tod. Daher stellt sich die Frage, ob diese für das menschliche Streben nach Gesundheit und langem Leben ethisch vertretbar sind. Darf der Mensch die Tiere zu einem „Ersatzteillager" degradieren? Oder sind die Genmanipulationen, die isolierte Tierhaltung, die Organentnahme und die Organtransplantation eine dermaßen starke Beeinträchtigung des Tierwohls, dass die Xenotransplantation abzulehnen ist?

Neben den grundsätzlichen Fragen zum Verhältnis zwischen Mensch und Tier gibt es auch finanzielle Bedenken: Die Bereitstellung der Tierorgane und die lebenslange Einnahme von Immunsuppressiva sind mit enormen Kosten verbunden. Während bei diesem Verfahren das Gesundheitssystem stark belastet wird, erwirtschaften Pharmaunternehmen hohe Gewinne. Ist hier die Grenze zu ethisch verwerflichem Wirtschaften überschritten?

Schäden an Organen sind einerseits eine natürliche Begleiterscheinung, andererseits aber auch die Folge eines unangemessenen Lebensstils, insbesondere: Rauchen, übermäßiger Alkoholgenuss, falsche Ernährung, mangelnde Bewegung und ungesunde Arbeitsumstände. Hier sind der Staat und die Verbraucher/innen aufgefordert, durch Vorsorgemaßnahmen und mehr Achtsamkeit bei der Lebensführung vermeidbare Organschäden zu verringern. Darüber hinaus ist es notwendig, sich der Grenzen des Lebens verstärkt bewusst zu werden. Die Senkung der benötigten Anzahl Spenderorgane ist die Grundlage einer ethisch verantwortbaren Lösung des Organspende-Problems.[106]

---

106 Vgl. Ärzte gegen Tierversuche e. V., Xenotransplantation. Unendliches Tierleid und unkalkulierbares Risiko, 2015.

Alternativen

Studium und Ausbildung ohne Tierversuche - möglich und sinnvoll?

Wer früher Medizin Tiermedizin, Medizin oder Biologie studieren wollte, kam um Tierversuche kaum herum. Auch in den Fächern Agrar- und Ernährungswissenschaften sowie Pharmazie und Psychologie waren vielfach Tierversuche vorgesehen. Proteste von Tierschutzverbänden und Studierenden sowie ein Bewusstseinswandel haben dazu beigetragen, dass Tierversuche in diesem Bereich zunehmend vermieden werden. Heute gibt es eine Vielzahl von Methoden, die Erkenntnisse beispielsweise hinsichtlich der Organfunktionen und des Körperbaus von Mensch und Tier ohne Tierversuche möglich machen.

Tierversuche und Tierverbrauch zu Studienzwecken

Das deutsche Tierschutzgesetz erlaubt ausdrücklich Tierversuche in der Ausbildung, sofern diese nicht durch Alternativmethoden ersetzt werden können. Insbesondere Studierende der Tiermedizin, Medizin oder Biologie werden schon in den ersten Semestern mit Tierversuchen und Tierverbrauch konfrontiert. Während Tierversuche am lebenden Tier durchgeführt werden, werden beim Tierverbrauch Tiere verwendet, die eigens zu Studienzwecken getötet werden. Da sowohl der Tierversuch als auch der Tierverbrauch Leid und/oder Tod der Tiere mit sich bringen, gilt für beide, dass sie nach Möglichkeit ganz ersetzt werden sollten. Im Nachfolgenden wird also nicht zwischen Tierversuch und Tierverbrauch unterschieden, sondern es soll exemplarisch aufgezeigt werden, wie Leid und Tod zu Studienzwecken vermieden werden können.

In den genannten Studiengängen sollen den Studierenden Einblicke in die Baupläne der Tiere und in die Funktion der Organe vermittelt werden. Zu diesem Zweck werden Tiere aufgeschnitten und Übungen an Organpräparaten durchgeführt.

Lehrmethoden sind je nach Universität und Lehrkraft unterschiedlich

Um herauszufinden, an welchen Universitäten noch Tierversuche und Tierverbrauch stattfinden, hat SATIS, das Projekt für humane Ausbildung des Bundesverbandes Menschen für Tierrechte eine umfangreiche Befragung von Dozentinnen und Dozenten durchgeführt. Diese wurde 2011 als Ethik-Ranking der bundesdeutschen Hochschulen veröffentlicht und wird seitdem immer wieder aktualisiert.[107]

Das Ergebnis der Befragung bezieht sich auf das Grund- und Bachelorstudium sowie auf den Vorklinik-Bereich und fällt sehr unterschiedlich aus: Die im Unterricht angewandten Methoden unterscheiden sich von Universität zu Universität und von Lehrkraft zu Lehrkraft erheblich. Während die einen Universitäten und Lehrkräfte ganz auf Tierversuche und Tierverbrauch verzichten, greifen andere weiterhin - teils wieder - darauf zurück. Das häufigste Argument der Dozentinnen und Dozenten ist die größere Praxisnähe. Alternativmethoden ersetzen oftmals Tierversuche und Tierverbrauch nicht, sondern ergänzen und reduzieren sie. In manchen Fällen wird die Lehrmethode von den Kosten beeinflusst, etwa wenn ein benötigtes Gerät sehr teuer ist. Eine Grundtendenz wird jedoch deutlich: An den Universitäten wird zunehmend versucht, Tierversuche und Tierverbrauch einzuschränken oder ganz zu vermeiden.

Der Froschversuch

Ein typischer und an vielen Universitäten im Rahmen des Physiologie-Kurses noch vorgeschriebener Versuch ist der auf Experimenten von Luigi Galvani (1737-1798) gründende Froschversuch. Ein Frosch (in der Regel ein afrikanischer Krallenfrosch) wird mit einer kleinen Guillotine oder einer Schere geköpft. Dann wird ihm die Haut abgezogen und es werden der Ischiasnerv und der Wadenmuskel herauspräpariert. Wird der

---

107 Das Ethik-Ranking ist unter http://www.satis-tierrechte.de/wp-content/uploads/2016/04/Satis_Ethik-Ranking_050416.pdf (19.05.2017) aufrufbar.

Nerv elektrisch gereizt, zuckt der Muskel je größer die Reizstärke, desto mehr. Außerdem werden die Nervenleitgeschwindigkeit und die Muskelkraft gemessen.[108]

Dem Frosch können auch weitere Organe wie Muskeln oder Herz entnommen werden, um Reaktionen auf Stromstöße oder aufgetragene Medikamente zu testen oder den Aufbau des Körpers und seiner Organe zu studieren.

Durchführung des Froschversuchs bei geringerem Tierverbrauch

Selbst wenn man an der Durchführung des Froschversuchs festhält, weil die Studierenden die Präparation, den Umgang mit natürlichem Gewebe und den Zusammenhang von sauberer Präparation und Funktionsfähigkeit des Gewebes lernen sollen: Es gibt es verschiedene Wege, die Zahl der verbrauchten Frösche zu reduzieren.

Ein Teil der Studierenden kann es nicht mit dem Gewissen vereinbaren, dass für die eigenen Studien Tiere sterben müssen, und will daher nicht selbst den Versuch durchzuführen. Die Durchführung sollte den Studierenden freigestellt werden, da es auch andere Wege gibt, sich das notwendige Wissen anzueignen. Es können Gruppen gebildet werden, in denen eine Studentin oder ein Student den Frosch seziert, und die anderen Studentinnen und Studenten zuschauen. Es kann auch ein Lehrfilm gezeigt werden, der den Froschversuch ersetzt oder ergänzt. Ein Lehrfilm kann wiederholt, in Zeitlupe gezeigt und an bestimmten Stellen angehalten werden, was Erklärungen erleichtert und das Verständnis fördert. Auf der Großbildleinwand gezeigt, erscheint der Frosch stark vergrößert, so dass er samt seinen Bestandteilen besser zu erkennen ist als im Original.

Wird die Zahl der für die Versuche und Studien benötigten Tiere reduziert, steigt die Wahrscheinlichkeit, dass nicht eigens Tiere getötet werden müssen. Für anatomische Studien können durchaus Tiere verwendet werden, die auf natürlichem Weg oder bei einem

---

108 Vgl. http://www.tierrechte-bw.de/index.php/tierversuche-348.html (19.05.2017).

Unfall gestorben oder beim Tierarzt eingeschläfert wurden. Gerade zur Zeit der Krötenwanderung ist die Zahl der verunglückten Tiere sehr hoch. Der Körper muss zum Zwecke der Ausbildung aber noch brauchbar sein.

Möglichkeiten, den Froschversuch zu ersetzen

Der Froschversuch oder auch die weitere Organentnahme läuft gerade bei Studienanfänger/innen nicht immer reibungslos ab. Der Wadenmuskel, der Ischiasnerv oder das Herz kann beschädigt werden, so dass die geplanten Versuche nicht mehr oder nur noch eingeschränkt möglich sind. Soll die Form des Körpers und seiner Organe studiert werden, kann ein fachmännisch präpariertes Tier verwendet werden. Mittels der sogenannten Plastination kann der Körper des Tieres in einen gummiartigen Zustand überführt und haltbar gemacht werden. Ein solcher Körper hat allerdings den Nachteil, dass die Flexibilität der einzelnen Gewebe und Organe gegenüber den „frischtoten" Tieren abnimmt. Auch Kunststoffmodelle können den grundlegenden Aufbau des Körpers vermitteln. Sie sind meist farbig, detailliert beschriftet und teilweise zerlegbar, um innere Strukturen darzustellen.

Vergleichbare Erkenntnisse lassen sich aber auch ohne einen Frosch gewinnen. So werden an verschiedenen Universitäten am lebenden Regenwurm ohne körperlichen Eingriff Nervenaktionspotenziale abgeleitet, was allerdings dem Tier Schmerzen bereitet. Der harmlose Selbstversuch wäre dagegen sogar noch einprägsamer: Mit sog. myographischen Verfahren können Muskelströme und -mechanik am Arm der Studierenden bestimmt werden.[109]

---

109 Ein Überblick über Alternativen zu tierverbrauchenden Übungen findet sich in http://www.satis-tierrechte.de/humane-ausbildung/, eine umfangreiche Alternativendatenbank unter http://www.interniche.org/de/alternatives (19.05.2017). Der Begriff „Nervenaktionspotenzial" bezeichnet eine charakteristische kurze Änderung des Membranpotenzials elektrisch erregbarer Zellen.

Die Computerprogramme SimNerv und SimMuscle

Und schließlich können auch moderne Computerprogramme verwendet werden, mit denen Körperfunktionen lebensecht nachgeahmt werden können. Zu diesen Programmen gehört die an der Universität Marburg entwickelte Virtual Physiology - Serie, zu denen u. a. SimNerv (ursprünglich „MacFrog" genannt) und SimMuscle gehören: Beide Programme können die Präparation eines Ischiasnerves und Wadenmuskels eines Frosches nicht ersetzen. Die Präparation selbst lernen die Studierenden am natürlichen Gewebe; sei es das Gewebe eines Frosches oder im Verlauf des Studiums ein anderes Gewebe. Nun geht es bei dem Froschversuch allerdings in den seltensten Fällen um die Präparation an sich. Die Versuchsgruppen sind gewöhnlich so groß, dass viele Studierende die Präparation nicht selbst durchführen und ein vorgefertigtes Präparat erhalten. So werden auch fehlerhafte Versuchsergebnisse aufgrund einer nicht fachgemäß durchgeführten Präparation vermieden. SimNerv und SimMuscle verstärken den Eifer beim Experimentieren und liefern korrekte Versuchsergebnisse, ohne dass dafür Frösche sterben müssen.

Bei SimNerv kann am Bildschirm anhand eines virtuellen Reizgeräts die Stärke von Stromstößen eingestellt werden, die über eine virtuelle Elektrode auf einen virtuellen Nerv übertragen werden. Die dadurch ausgelösten Ergebnisse werden auf einem virtuellen Oszilloskop dargestellt. Mit der Maus kann man Elektroden verschieben oder die virtuellen Nerven abbinden, um zu untersuchen, wie sich dies auf die Versuchsergebnisse auswirkt. Das, was wie ein experimentelles Kinderspiel am Computer anmutet, hat einen ausgetüftelten wissenschaftlichen Hintergrund. Grundlage der Ergebnisse sind mathematische Berechnungsverfahren, die Hans A. Braun, der Entwicklungsleiter der Virtual Physiology erstellt hat. Der virtuelle Nerv reagiert in allen Situationen wie ein realer Nerv.

Dass der Experimentiereifer der Studierenden gefördert wird, lässt sich leicht erklären: Bei den Versuchen am realen Froschnerv haben sie Angst, dass sie beim Versuch einen Fehler machen und das Präparat unbrauchbar wird. Sie bräuchten ein zweites Präparat, welches möglicherweise nicht gewährt wird: Im schlimmsten Fall stehen sie ohne Leistungsnachweis da. Am Computer können die Studierenden dagegen ohne Angst vor Fehlern spielerisch experimentieren.

Ähnlich verhält es sich mit SimMuscle. Mit diesem Programm lassen sich Kraft und Verkürzung eines Froschmuskels komplett virtuell messen, und das wiederum auf spielerische Weise: Per Mausklick lassen sich dem Muskel Gewichte anhängen und die Stärke der Stromstöße verändern, was die Ergebnisse beeinflusst. Dass diese der Realität entsprechen, dafür sorgen wie bei SimNerv ausgetüftelte mathematische Algorithmen.[110]

Tierversuche und Tierverbrauch sind in der Ausbildung nicht unbedingt nötig

Der Überblick zeigt, dass es in der Ausbildung viele Möglichkeiten gibt, Tierversuche und Tierverbrauch zu vermeiden. An einer ganzen Reihe Universitäten kann bereits Tiermedizin, Medizin und/oder Biologie ohne Tierversuche und Tierverbrauch studiert werden. Dass ihre Zahl steigt, weist nicht nur auf zunehmende Skrupel im Hinblick auf Tierversuche und Tierverbrauch hin, sondern auch auf zunehmende Anerkennung der fachlichen Qualität tierversuchs- und tierverbrauchsfreier Lehre. Natürlich können nicht alle Ausbildungsgänge über einen Kamm geschert werden, jedoch lässt sich feststellen, dass in der Ausbildung die Voraussetzungen für ein Verbot von Tierversuchen im Gegensatz zur Forschung gut stehen.

---

110   Vgl. http://www.virtual-physiology.com/ (19.05.2017); Hans A. Braun: Virtual versus real laboratories in life science education: Concepts and experiences, in: N. Jukes, M. Chiuia [eds.], from guinea pig to computer mouse, InterNiche 2003, S. 81-87.

In-vitro
„Im (Reagenz-)Glas". Mit In-vitro-Verfahren sind Zell- und Gewebekulturverfahren gemeint. Diese erfolgen im Reagenzglas.

In-vivo
„Im Lebenden". Mit In-vivo-Verfahren sind Verfahren und Experimente am lebenden Tier gemeint.

In-silico
„In Silicium". Mit In-silico-Verfahren sind Verfahren gemeint, die sich Computersimulationen bedienen. Die meisten heutigen Computer-Chips sind auf Grundlage des chemischen Elements Silicium hergestellt.

Hirnforschung an Affen

Affen machen nur ein Tausendstel der gesamten Versuchstiere aus. Weil sie dem Menschen so nahe sind, stehen sie dennoch im Mittelpunkt des öffentlichen Interesses. Insbesondere werden sie für die Grundlagenforschung eingesetzt. Ist die Grundlagenforschung aber überhaupt notwendig? Und ist sie anhand von Affen überhaupt zielführend und ethisch vertretbar?

Die besondere ethische Relevanz von Tierversuchen an Affen

Im Jahr 2014 wurden bundesweit 2842 nichtmenschliche Primaten für Tierversuche verwendet. Sie stellen also nur ein Tausendstel der Versuchstiere in Deutschland. Auf biologische Grundlagenforschung entfielen nur 14 Prozent, nämlich 399 Tiere. 81,5 Prozent dieser in Deutschland verwendeten nichtmenschlichen Primaten hingegen kommen zum Einsatz, weil der Gesetzgeber den Tierversuch zwingend vorschreibt. Diese „regulatorischen Tests" beinhalten gesetzlich vorgeschriebene Giftigkeitsprüfungen von Medikamenten oder Tests zur Qualitätskontrolle von medizinischen Produkten und Geräten. Chemikalien werden laut Statistik nicht mehr an Affen getestet.[111] Trotz dieser vergleichsweise geringen Zahl nichtmenschlicher Primaten, die in der Grundlagenforschung verwendet werden, ist ein genauerer Blick auf diesen Teil der Tierversuche sinnvoll. Zum einen geht es nämlich um Tiere, die uns Menschen besonders nahe stehen, zum anderen um Grundlagenforschung, die oftmals als

---

111 Vgl. http://www.dpz.eu/de/abteilung/ueber-tierversuche/zahlen-und-fakten/tierversuchszahlen-in-deutschland.html; Menschen für Tierrechte - Bundesverband der Tierversuchsgegner e. V. [Hrsg.], Im Schatten der Berichterstattung: Routinetests an Affen, 2016, S. 5, im Internet aufrufbar unter https://www.tierrechte.de/images/stories/Tierversuche/Affenversuche/2016_MfT-Routinetests-an-Affen.pdf (19.05.2017).

überflüssige menschliche Neugierde empfunden wird. Hier stellt sich besonders dringend die Frage, inwiefern Tierversuche ethisch vertretbar und notwendig sind.

Verschiedene Arten von Primaten

Die Bezeichnung „nichtmenschliche Primaten" weist darauf hin, dass es verschiedene Arten von Primaten gibt. Was sind überhaupt „Primaten"? Bei den Primaten („Herrentiere", auch „Menschengestaltige" genannt) handelt es sich um eine Gruppe hoch entwickelter Säugetiere, zu der neben den Menschen auch Menschenaffen, Affen und Halbaffen (Lemuren, Loris und Tarsier/ Koboldmakis) gehören. Die dem Menschen nächstverwandten Primaten sind die Menschenaffen (Gorillas, Schimpansen, Orang-Utans, Gibbons), während die entferntesten die Lemuren sind.[112]

Auch rechtlich gesehen werden die verschiedenen Primatenarten unterschieden, wobei bei den Affen noch zu beachten ist, ob die verwendete Art geschützt ist oder nicht. Den strengsten Schutz genießen die Menschenaffen, die nicht für Tierversuche herangezogen werden dürfen. Allerdings werden Ausnahmen von diesem Verbot zugestanden, und zwar im Falle einer schweren, den Menschen bedrohenden Krankheit (wie beispielsweise eine neue Ebola-Variante) oder für die Arterhaltung. Voraussetzung ist jedoch, dass es keine Alternativmethode gibt und der Versuch nicht an anderen Tierarten durchgeführt werden kann. Allerdings sind bereits seit 1991 in Deutschland und seit 2002 in der gesamten Europäischen Union keine Versuche an Menschenaffen mehr durchgeführt worden.[113] Auch die anderen nichtmenschlichen Primaten genießen einen besonderen Schutz, wobei der ursprünglich von der Europäischen Kommission vorgesehene aufgeweicht worden ist. Nach dem Willen der Europäischen Kommission sollten Versuche an nichtmenschlichen Primaten nur dann erlaubt sein, wenn ein Zusammenhang mit Heilung von Krankheiten nachweisbar ist. In der Endfassung der

---

112 Vgl. http://www.dpz.eu/de/infothek/mediathek/virtuelle-tour.html; https://www.lernhelfer.de/schuelerlexikon/biologie-abitur/artikel/primaten (19.05.2017).
113 https://www.tierversuche-verstehen.de/mythen/ (19.05.2017).

Tierversuchsrichtlinie ist die Erlaubnis jedoch ausgeweitet worden und umfasst nun auch die Grundlagenforschung.[114] Bei dieser kann nicht zwingend ein Zusammenhang mit der Heilung nachgewiesen werden.

Gründe für die rechtliche Sonderstellung der nichtmenschlichen Primaten, insbesondere Menschenaffen

Der besondere Schutz der nichtmenschlichen Primaten, insbesondere der Menschenaffen, wird seitens der EU-Tierversuchsrichtlinie damit begründet, dass die nichtmenschlichen Primaten dem Menschen besonders nahe stünden und am begabtesten hinsichtlich ihrer sozialen Fähigkeiten seien. Aufgrund ihrer nahen Verwandtschaft mit dem Menschen würden sie mehr leiden als andere Tiere. Dies sei wissenschaftlich nachgewiesen. Darüber hinaus habe die Öffentlichkeit größte Bedenken, wenn nichtmenschliche Primaten genutzt würden. Kritiker dieser Begründung sehen es nicht als erwiesen an, dass es einen Zusammenhang zwischen Menschenähnlichkeit und einem vergleichbaren Schmerz- und Leidensdruck gebe. Letzteren könne man genauso gut bei Tieren finden, die dem Menschen ferne stehen; dies müsse der eigentliche Maßstab sein und das lasse auch das deutsche Tierschutzgesetz erkennen. So könnten beispielsweise Krebse Schmerz empfinden und sich später daran erinnern. Ebenfalls hätten Fische (namentlich Regenbogenforellen) ein den Säugetieren vergleichbares hohes Schmerzempfinden, während Nacktmulle (Säugetiere) anscheinend fast keinen Schmerz empfänden. Dass den nichtmenschlichen Primaten besonderes Schmerzempfinden zugeschrieben wird, hänge wohl mit einer rein sympathiegeprägten „ethischen Rangordnung" zusammen. In

---

114 https://www.aerzte-gegen-tierversuche.de/de/infos/eu/550-eu-tierversuchsrichtlinie-hintergrundinfos (19.05.2017).

dieser Rangordnung stünden üblicherweise die Primaten wegen ihrer Menschenähnlichkeit an erster Stelle.[115]

Die Kritik zeigt: Bei der Forderung eines Verbotes von Tierversuchen kommen an erster Stelle nichtmenschliche Primaten in den Blick. Sie zeigt aber auch, dass dieser Ansatz am Menschen und nicht am Eigenwert aller Tiere ausgerichtet ist.[116]

Ziele der Grundlagenforschung

Die Hirnforschung ist ein wesentlicher Bereich der Grundlagenforschung, die an nichtmenschlichen Primaten durchgeführt wird. Im Gegensatz zur angewandten Forschung hat die Grundlagenforschung keine unmittelbare Anwendung zum Ziel. Es geht vielmehr um den Erkenntnisgewinn, auf dem die weitere Forschung aufbaut. Die Befürworter/innen der Tierversuche argumentieren damit, dass der Stoffwechsel und die Funktion der Organe bei Mensch und Tier sehr ähnlich seien. Daher könnten im Tierversuch gewonnene Erkenntnisse helfen, Lebensvorgänge sowie deren Störungen beim Menschen und Tieren besser zu verstehen. Zwar könne man die Ergebnisse der Grundlagenforschung nicht planbar in die Praxis übertragen und der direkte Nutzen sei kurzfristig nicht zu bestimmen. Trotzdem seien wissenschaftliche und medizinische Durchbrüche ohne die Erkenntnisse aus der Grundlagenforschung nicht denkbar[117]. Ob die Grundlagenforschung nun in ihrem ganzen Umfang notwendig ist, kann sicherlich hinterfragt werden. Es lässt sich auch kaum bestreiten, dass ein Teil der Forschung in erster Linie dazu dient,

---

115 Matthias Cornils: Reform des europäischen Tierversuchsrechts. Zur Unions- und Verfassungsrechtmäßigkeit der Richtlinie 2010/63 des Europäischen Parlaments und des Rats zum Schutz der für wissenschaftliche Zwecke verwendeten Tiere (Studien zum internationalen, europäischen und deutschen Nachhaltigkeitsrecht 2), Münster 2011, S. 132-158, der auf vertiefende Literatur hinweist. Die verschiedenen Aspekte der Begründung der Sonderstellung der nichtmenschlichen Primaten finden sich in den Erwägungsgründen 12.16-18 der EU-Tierversuchsrichtlinie.
116 Immerhin wird der „intrinsische Eigenwert" der Tiere in Erwägungsgrund 12 der EU-Tierversuchsrichtlinie gewürdigt.
117 Cornelia Exner, Tierversuche in der Forschung, hrsg. von der Senatskommission für tierexperimentelle Forschung der Deutschen Forschungsgemeinschaft, Bonn 2016, S. 17.

das wissenschaftliche Renommee aufzubessern, um damit u.a. mehr Drittmittel einzuwerben. Aber ist die Grundlagenforschung tatsächlich mit Neugierde zu erklären? Eine Bestandsaufnahme der Forschung, die auf Tierversuchen gründet, hat 2005 ergeben, dass innerhalb von zehn Jahren 0,3 Prozent der Ergebnisse der untersuchten Projekte in der Humanmedizin angewendet werden konnten. Laut den Autoren dieser Bestandsaufnahme habe man zwar durch Tierversuche Hypothesen bestätigen können, jedoch habe dies nicht dazu geführt, dass eine neue Therapie am Menschen umgesetzt wurde. Entweder sei kein therapeutischer Effekt nachweisbar gewesen, oder die Befunde am Menschen hätten sogar den Ergebnissen am Tier widersprochen.[118] Nimmt man dieses Ergebnis als Grundlage für die Bewertung, hatte nur ein verschwindend geringer Teil der Tierversuche einen praktischen Nutzen für die Humanmedizin. Man kann aber auch zu dem Schluss kommen, dass sich unter den 0,3 % auch Projekte befunden haben, die für bestimmte sterbenskranke Patienten überlebenswichtig waren. Die verwendeten Methoden sind nicht über alle Zweifel erhaben: Basis der Studie sind lediglich 16 in den Jahren 1991-1993 eingereichte Forschungsanträge aus drei bayerischen Universitäten. Die Datenbasis ist also recht schmal und inzwischen veraltet, was Zweifel daran aufkommen lässt, dass die Studie repräsentativ ist. Darüber hinaus sind nur Zitierhäufigkeit und -verlauf untersucht worden, was die Frage aufwirft, ob diese Auskunft über die tatsächliche Relevanz der Forschungsergebnisse liefern.[119]

Anhand von Affen der Funktionsweise des menschlichen Gehirns auf der Spur

---

118 Vgl. Toni Lindl, Manfred Völkel und Roman Kolar: Tierversuche in der biomedizinischen Forschung, ALTEX 22 (2005), S. 143-151.
119 Die Verfasser der Bestandsaufnahme begründen die Verwendung der Zitierungsanalyse damit, dass sie in der Wissenschaft verbreitet sei und allgemein als ein wichtiges wissenschaftliches Kriterium zur Beurteilung der Forschung angesehen werde. Leider werde sie aber noch kaum zur Qualitätsprüfung tierexperimenteller Forschung verwendet. Bei der vorliegenden Studie handele es sich um eine deutschlandweit in dieser Art erstmalig durchgeführte Zitationsanalyse von Arbeiten, die aus bewilligten Tierversuchen hervorgegangen sind.

Das Gehirn des Affen ist ähnlich komplex aufgebaut wie das Gehirn des Menschen. Für die Erforschung der Funktionsweise des menschlichen Gehirns werden daher bevorzugt Affen verwendet. Auch im Hinblick auf Erkrankungen des Gehirns geht man davon aus, dass durch Versuche an Affen wichtige Erkenntnisse gewonnen werden können, die bei der Heilung oder zumindest Linderung der Erkrankungen bedeutsam sein können.

Zu den zentralen Fragestellungen, denen anhand von Affen (v. a. Rhesusaffen) nachgegangen wird, gehört, welche Nervenaktivitäten sich im Affenhirn abspielen. Um das herauszufinden, werden die Affen in einen sogenannten Primatenstuhl gesetzt und mit bestimmten Sinneseindrücken konfrontiert, indem ihnen beispielsweise bestimmte Muster oder Bilder gezeigt werden. Oder die Affen müssen bestimmte Aufgaben lösen, beispielsweise bestimmte Zahlen und Punkte auf dem Bildschirm erkennen. Um die Augenbewegungen verfolgen zu können, wird in die Bindehaut der Augen eine Metallspule einoperiert. Außerdem wird ein Loch in den Schädel gebohrt und eine Ableitkammer aus Titan angebracht, die als Zugang zur Sehrinde dient. Durch sie werden Mikroelektroden in das Hirngewebe eingelassen. Damit die Augenbewegungen und Nervenaktivitäten gemessen werden können, wird der Schädel mittels eines Titanimplantates fixiert. Wenn der Affe eine Aufgabe richtig löst, erhält er als Anreiz Wasser oder Saft.

Diese insbesondere auch vom Max-Planck-Institut für Biologische Kybernetik in Tübingen durchgeführten Versuche sind äußerst umstritten. Die Gegner/innen sehen in ihnen keinen Sinn und halten sie für ethisch fragwürdig. Unseren nächsten Verwandten, den Affen, werde unnötig Leid angetan: Sie würden der Freiheit beraubt, müssten fürchterliche, bohrende Kopfschmerzen ertragen und dursten, sofern sie die Aufgaben nicht richtig lösen. Nach ein paar Jahren würden sie getötet und weggeworfen. Das Max-Planck-Institut für Biologische Kybernetik dagegen weist auf den Nutzen für die Erforschung des menschlichen Hirns und dessen Krankheiten hin. Weil das Gehirn schmerzunempfindlich sei, merke der Affe von den Elektroden nichts. Auch das Titanimplantat zur Fixierung des Kopfes verursache keinen Schmerz. Der Affe müsse auch nicht über längere Zeiträume dursten, wenn er nicht kooperiert. Überhaupt sei ein zeitweiser Entzug von Wasser oder Saft für ihn kein Problem. Auch in der Natur müssten seine

Artgenossen manchmal längere Zeit ohne Wasser auskommen, bis sie die nächste Wasserstelle gefunden haben.[120]

Bildgebende Verfahren als Ersatz für Affenversuche? Möglichkeiten und Grenzen

Die drängenden ethischen Fragen, die Versuche mit Affen aufwerfen, lassen die Verwendung von Alternativmethoden besonders dringlich erscheinen. Dabei kommen insbesondere die sogenannten bildgebenden Verfahren infrage: die Magnetenzephalographie (MEG) und die funktionelle Magnetresonanztomographie (fMRT; englisch auch fMRI). Bei der Magnetenzephalographie wird das natürliche Magnetfeld gemessen, das durch die Aktivität des Gehirns entsteht. Dies geschieht durch äußere Sensoren, die sogenannten SQUIDs. Die funktionelle Magnetresonanztomographie misst Veränderungen der Durchblutung des Gewebes in den verschiedenen Hirnregionen. In beiden Verfahren wird die Gehirnaktivität am Bildschirm des Computers sichtbar gemacht. Aber warum wird überhaupt noch Hirnforschung anhand von Affen betrieben, wenn es doch bereits hochmoderne Verfahren gibt, die Gehirnaktivitäten nicht nur messen, sondern auch bildlich sichtbar machen können? Für die Beantwortung dieser Frage bedarf es eines genaueren Blickes auf die Möglichkeiten und Grenzen der beiden Verfahren, im Folgenden am Beispiel der Magnetresonanztomographie.

Wenn wir eine bestimmte Handlung durchführen, beispielsweise den kleinen Finger beugen oder eine Blume sehen, sind bestimmte Gehirnareale aktiv. In diesen Gehirnarealen wird Energie verbraucht. Diese gelangt in Form von Sauerstoff und Zucker über die Blutgefäße zu den Nervenzellen und wird dort verbrannt. Die Aktivierung der Gehirnzellen führt zu einem hohen Sauerstoffgehalt der roten Blutkörperchen. Die funktionelle Magnetresonanztomographie - auch funktionelle Kernspintomographie genannt - misst mittels eines Magnetfeldes, in welchen Gebieten des Gehirns sich der

---

120 Zu den Versuchsdurchführungen und zur unterschiedlichen Bewertung siehe Ärzte gegen Tierversuche e. V., Versuche an Affen. Freiheitsberaubung, Folter und Mord, 2015; http://hirnforschung.kyb.mpg.de/tiere/ablauf-der-tierversuche.html (19.05.2017).

Sauerstoffgehalt ändert und zeigt damit indirekt an, welche Zellen gerade besonders aktiv sind. Das Prinzip, anhand der funktionellen Magnetresonanztomographie Änderungen im Sauerstoffgehalt des Blutes nachweisen zu können, wird BOLD genannt. Dabei handelt es sich um die Abkürzung der englischen Bezeichnung „Blood Oxygen Level Dependent", was „vom Sauerstoffgehalt des Blutes abhängig" bedeutet. Die Veränderungen des Sauerstoffgehaltes werden am Bildschirm des Computers sichtbar gemacht, wobei eine Farbskala von gelb bis rot verwendet wird. Gelbe Farbe zeigt einen hohen Sauerstoffgehalt des Blutes und damit eine besonders erhöhte Aktivierung der Zellen an. Dort, wo rote Farbe zu sehen ist, sind die Zellen des Gehirns auch aktiviert, allerdings in schwächerem Maße.[121]

Die funktionelle Magnetresonanztomographie vermag also gute Einblicke in die Aktivitäten von bestimmten Gehirnbereichen geben. Allerdings sind ihre Ergebnisse nicht mit den Ergebnissen der Affenversuche deckungsgleich. Im Gegensatz zu den Mikroelektroden im Affenhirn werden mittels des Magnetfeldes nicht die Hirnströme erfasst, sondern der Sauerstoffverbrauch. Dieser wird auf dem Computerbildschirm in einer Auflösung sichtbar gemacht, die auf den Millimeterbereich beschränkt ist. Die Mikroelektroden, bei denen es sich um haarfeine Drähte handelt, können dagegen die Aktivitäten von einzelnen Zellen messen. Die Ergebnisse sind dementsprechend genauer und bewegen sich im Mikrometerbereich. Der Nachteil ist jedoch, dass es sich um das Gehirn eines Affen und nicht eines Menschen handelt und die Ergebnisse somit nur eingeschränkt übertragbar sind. Um ein umfassendes Bild von den Aktivitäten im Gehirn zu bekommen, bedarf es also der Kombination verschiedener Verfahren.[122]

Erforschung und Linderung von Morbus Parkinson

Eine wichtige Aufgabe der Hirnforschung ist es, den Ursachen von Erkrankungen des Gehirns und Nervensystems auf die Spur

---

121 Vgl. http://hirnforschung.kyb.mpg.de/methoden/funktionelle-magnetresonanztomographie-fmrt.html (19.05.2017).
122 Vgl. http://hirnforschung.kyb.mpg.de/methoden/alternativmethoden.html (19.05.2017).

zu kommen. Nur wenn die Ursachen bekannt sind, können Wege gefunden werden, sie zu lindern und in Zukunft vielleicht auch zu heilen.

Alzheimer ist die häufigste Erkrankung des Gehirns und Nervensystems, gefolgt von Morbus Parkinson. Während das offensichtlichste Merkmal bei Alzheimer Vergesslichkeit ist, ist es bei Parkinson das Zittern, verbunden mit Bewegungsstörungen. Die Funktion der Organe des menschlichen Körpers nimmt mit zunehmendem Alter ab. Auch im Gehirn gibt es einen langsamen, altersbedingten Verlust von Zellen und Zellfunktionen. In jüngeren Jahren kann das menschliche Gehirn diesen Verlust kompensieren, im höheren Alter dagegen kann es zu einem krankhaften Verlust kommen. Mit dem Verlust von Nervenzellen im Gehirn geht die Entstehung von Alzheimer und Parkinson einher, je nachdem, wo genau das Zellsterben stattfindet. Bei der Parkinson-Erkrankung beispielsweise sind ausschließlich Nervenzellen betroffen, die den Botenstoff Dopamin produzieren, der für die Bewegungssteuerung benötigt wird. Bei der Alzheimer-Demenz dagegen bilden sich im Gehirn sogenannte Eiweißplaques: Verklumpungen bestimmter Eiweißmoleküle, die bei Gesunden nicht in diesem Maße auftreten. Die genauen Entstehungsbedingungen der Erkrankung des Gehirns und Nervensystems sind unbekannt und werden weiter erforscht. Vermutlich sind sie komplex und beruhen auf verschiedenen Faktoren, die nicht alleine für sich, sondern in Verbindung miteinander wirken. So besteht meist bereits eine genetische Veranlagung, die aber erst dann zu einer Erkrankung führt, wenn Umweltfaktoren hinzu kommen. Zur Entstehung von Parkinson tragen möglicherweise auch Erschütterungen des Gehirns, wie sie z. B. bei Boxern vorkommen, bei.[123]

Die Hirnforschung, bei der auch Affenversuche - v. a. anhand von Rhesusaffen - durchgeführt wurden, hat zur Entwicklung der Tiefen Hirnstimulation geführt. Dabei wird einer schwer oder behandlungsresistent an Parkinson erkrankten Person in das Gehirn eine dünne Elektrode eingepflanzt, wie sie auch bei den Versuchen mit Affen zum Einsatz kommt. Diese wird über ein

---

123 Vgl. http://www.gesundheitsforschung-bmbf.de/de/erkrankungen-des-gehirns.php; http://www.gesundheitsforschung-bmbf.de/de/demenz-wenn-vergesslichkeit-zur-krankheit-wird.php (jeweils 19.05.2017).

Verbindungskabel (unter der Haut) mit einem kleinen Stimulator (ebenfalls unter der Haut) verbunden. Dieses elektronische Implantat gibt Impulse an die Nervenzellen in dem von der Krankheit betroffenen Gehirnbereich - dem Nucleus subthalamicus - ab und korrigiert so die krankhaft veränderte Nervenzellaktivität. Auf diese Weise lassen sich Bewegungsstörungen lindern.[124] Die Tiefe Hirnstimulation ist dabei die harmlose Abwandlung einer rabiaten Behandlungsmethode von Parkinson. Ursprünglich wurde das Zittern der an Parkinson erkrankten Person vermindert oder beseitigt, indem man den Nucleus subthalamicus zerstörte. Der Preis war allerdings hoch, da ein Teil des Gehirns unwiederbringlich vernichtet wurde. Als Folge des Eingriffs traten bei manchen Patienten Persönlichkeitsveränderungen auf, während die positiven Effekte mit der Zeit nachließen. Die negativen Folgen des Eingriffes ließen sich nicht rückgängig machen. Das ist bei den harmlosen elektrischen Impulsen anders, weil sie nur anregen, nicht aber zerstören.[125]

Datenanalyse mittels Computersimulation

Am Bernstein Center Freiburg haben Forscher um Arvind Kumar genauer untersucht, wie die Störungen im Bewegungsablauf zustande kommen. Bei Betroffenen zeigen Gruppen von Nervenzellen in einem Gehirnbereich, den Basalganglien, eine periodisch schwankende Aktivität. Die Freiburger Forscher haben in einem computergestützten Modell die Netzwerke im menschlichen Gehirn simuliert und konnten zeigen, dass eine erhöhte Aktivität in einem als Striatum bezeichneten Hirnbereich zu den krankhaften Schwingungen der Basalganglien führt. Darüber hinaus konnten die Wissenschaftler mit Hilfe ihrer Computersimulation erklären, wie die Tiefe Hirnstimulation die Balance wiederherstellt. Es gelang ihnen sogar, die Stimulierung des Gehirns so zu optimieren, dass sie mit der Hälfte der normalerweise nötigen Impulse auskommt. Dies kann die Lebensdauer des elektronischen Implantats erhöhen

---

124 Vgl. http://hirnforschung.kyb.mpg.de/erkenntnisse/behandlungen-und-therapien/tiefe-hirnstimulation.html (19.05.2017).
125 Vgl. Gunnar Grah, Arvind Kumar: Zittern in Zahlen, Gehirn und Geist 5 (2013), 68-73.

und die bei der Patientin bzw. dem Patienten zum Batteriewechsel erforderlichen Eingriffe minimieren.[126]

Die Computersimulation kann allerdings nicht Affenversuche ersetzen. Vielmehr brauchen beide Verfahren einander. Die Masse und Komplexität der aus den Affenversuchen gewonnenen Daten ergibt nur dann Sinn, wenn sie mittels eines Computers analysiert werden. Und eine Computersimulation kann nur dann erfolgen, wenn eine ausreichende Menge Daten aus Affen- und außerdem auch aus Maus- und Rattenversuchen vorliegt. Mit ihr kann man deutlich machen, was im Gehirn der Tiere geschieht und Rückschlüsse auf das menschliche Gehirn ziehen. Allerdings ist darauf hinzuweisen, dass der Computer die Vorgänge im Gehirn massiv vereinfacht, weil nicht alle Gehirnregionen erfasst werden. Die besten Erkenntnisse über das menschliche Gehirn ließen sich mit Menschenversuchen gewinnen, die aber aufgrund der Gefahr von Gehirnblutungen keine Alternative zu Tierversuchen darstellen.

Test von Parkinson-Medikamenten anhand von Zellkulturen

Beim Test von Medikamenten gegen Parkinson ist der Ersatz der Versuche anhand von Nagetieren und Affen (oftmals genetisch verändert) eher möglich. An der Universität Konstanz werden dazu von Marcel Leist, der den Doerenkamp-Zbinden-Lehrstuhl für In-vitro-Methoden zum Tierversuchsersatz innehat, und seinem Team menschliche Neuronen (= Nervenzellen des Gehirns) kultiviert. Um krankheitsähnliche Schädigungen in den im Labor gezüchteten Zellen auszulösen, untersuchen die Forscherinnen und Forscher, welche Stoffe bei menschlichen Erkrankungen den Krankheitsprozess antreiben. Solche Stoffe werden dann in definierter Menge den kultivierten Zellen zugesetzt, so dass diese innerhalb weniger Tage absterben. Anschließend wird gemessen,

---

126   Vgl. Gunnar Grah, Arvind Kumar: Zittern in Zahlen, Gehirn und Geist 5 (2013), 68-73.

wie viele der Zellen absterben, und es wird geprüft, ob bestimmte Medikamente den Zelltod aufhalten können oder nicht.[127]

---

127 Vgl. https://www.uni-konstanz.de/universitaet/aktuelles-und-medien/aktuelle-meldungen/presse-informationen/presse-informationen/tierschutzforschungspreis-wuerdigt-arbeiten-zum-ersatz-von-tierversuchen/ (19.05.2017).

Krebsforschung ohne Tierversuche - ein schwieriges Unterfangen

Krebs ist in Deutschland die zweithäufigste Todesursache. Die Heilung der Krankheit ist äußerst schwierig, weil Krebstumore aggressiv sind, sich verändern und Medikamente dadurch häufig wirkungslos sind. Die Hoffnung ruht auf sogenannten gezielten Therapien, die jedoch höchst kostspielig sind und eine Vielzahl genetisch veränderter Tiere, meist Mäuse, voraussetzen. Ist es verantwortbar, mühsame Heilungsversuche beim Menschen mit der gezielten Erzeugung von Krebs bei Hunderttausenden Mäusen zu erkaufen? Dieses ethische Dilemma schreit geradezu nach Krebsvermeidung und tierversuchsfreien Alternativmethoden. Erstere ist allerdings aufgrund der verschiedenartigen Krebsursachen nur begrenzt möglich, letztere stecken in der Krebsforschung und -medizin noch in den Kinderschuhen.

Volkskrankheit Krebs

Krebserkrankungen sind nach Herz-Kreislauf-Erkrankungen die zweithäufigste Todesursache in Deutschland. Mehr als zwei von fünf Frauen (43 %) und etwa jeder zweite Mann (51 %) in Deutschland erkranken im Laufe ihres Lebens an Krebs – so die aktuellen Schätzungen des Zentrums für Krebsregisterdaten (ZfKD), die auf den Erkrankungsraten und der derzeitigen Lebenserwartung basieren. Gemäß der Todesursachenstatistik ist heute etwa jeder fünfte Todesfall bei Frauen und jeder vierte bei Männern auf Krebs zurückzuführen. Die Diagnose Krebs schockiert. Krebs wird mit Hoffnungslosigkeit und Unheilbarkeit in Verbindung gebracht. Tatsächlich haben sich jedoch die Chancen auf Heilung in den letzten Jahrzehnten verbessert. Vor 1980 starben mehr als zwei Drittel aller Krebspatienten an ihrer Erkrankung. Heute kann mehr als die Hälfte auf dauerhafte Heilung hoffen. Dass die Zahl der Neuerkrankungen in den letzten Jahren nicht abgenommen hat, sondern eine stabile bis leicht steigende Tendenz aufweist, lässt sich mit der steigenden Lebenserwartung erklären: Fast alle Krebsarten treten bei älteren Menschen sehr viel häufiger auf als bei jüngeren. Dadurch, dass sowohl Männer als auch Frauen immer älter werden, steigt die Wahrscheinlichkeit, dass sie eine Krebserkrankung buchstäblich noch „erleben".[128]

Wie entsteht Krebs?

Wie Krebs entsteht, ist noch lange nicht vollständig erforscht. Allerdings kann man grundsätzlich sagen, dass die Gene der Ursprungsort der Entstehung von Krebs sind, es sich also um eine genetische Erkrankung handelt. Eine Zelle wird dann zu einer Krebszelle, wenn in ihrem Erbgut Schäden auftreten. Der Mensch hat etwa 23.000 Gene in jeder Zelle, die für die Produktion je eines Proteins zuständig sind. Aus der Kombination der Proteine in bestimmten Geweben lassen sich Form und Funktion aller Organe ableiten. Nicht alle Gene sind in jeder Zelle aktiv, und in jedem Organ arbeiten sie anders zusammen. Die normalen Zellen eines Menschen teilen sich mit Ausnahme der Haut- und Haarzellen nur selten und werden erst ersetzt, wenn sie beschädigt oder verschlissen sind. Der Körper tauscht lediglich das aus, was nicht mehr funktioniert, und im Alter lässt selbst diese Fähigkeit nach. Krebszellen dagegen teilen sich ständig; das ungezügelte Wachstum ist ihr wichtigstes Merkmal.

Dieses Wachstum lässt sich mit dem Bild eines Autos erklären, wobei drei Arten von Genen eine besondere Rolle zukommt:

---

[128] Vgl. https://www.krebsinformationsdienst.de/grundlagen/krebsstatistiken.php. Im Jahr 2012 erkrankten 477950 Menschen in Deutschland neu an Krebs. Das sind etwa 650 Patienten mehr als 2010, jedoch 10860 weniger als 2011. Für das Jahr 2016 erwarten die Wissenschaftlerinnen und Wissenschaftler 498700 neue Krebserkrankungen. 2012 erkrankten Männer am häufigsten an Lungenkrebs (24,8 %), Darmkrebs (11,5 %) und dem vergleichsweise harmlosen Prostatakrebs (10,8 %). Frauen waren zumeist von Brustkrebs (17,5 %), Lungenkrebs (14,6 %) und Darmkrebs (12,1 %) betroffen. Vgl. Robert Koch Institut [Hrsg.]: Krebs in Deutschland 2011/2012, 10. Ausgabe 2015; S. 19-20 (im Internet unter http://www.krebsdaten.de/Krebs/DE/Content/Publikationen/Krebs_in_Deutschland/kid_2015/krebs_in_deutschland_2015.pdf?_blob=publicationFile aufrufbar).

Das Proto-Onkogen (lateinisch für Vor-Krebsgen) lässt sich mit dem Gaspedal vergleichen. So wie man bei einer Autofahrt nur dann Gas gibt, wenn man beispielsweise überholen will, gibt das Proto-Onkogen im Hinblick auf die Zellteilung nur dann Gas, wenn eine kaputte Zelle im gesunden Gewebe ersetzt werden muss. Damit die Zellteilung nicht unkontrolliert erfolgt, bedarf es eines Kontrollgens, des sogenannten Tumorsuppressorgens. Dieses hat die Funktion einer Bremse und verhindert so die Bildung eines Tumors. Tumorsuppressorgene (lateinisch für Tumorunterdrücker-Gene) sorgen dafür, dass die Gene während der Zellteilung korrekt kopiert werden. Wurden Basenpaare nach der Teilung verwechselt und das Gen funktioniert in der neuen Zelle nicht, wird der Schaden repariert. Für die Reparatur von Schäden sind die Reparaturgene da. Wird ein Proto-Onkogen durch eine Mutation zu einem Onkogen (lateinisch für Krebsgen), dann gibt es ein Dauersignal zur Zellteilung, was einem festgeklemmten Gaspedal gleichkommt. Wenn abgeschaltete oder defekte Tumorsuppressorgene - wie defekte Bremsen - dieses Gaspedal nicht lösen und die Beschleunigung stoppen können, entsteht Krebs.

Eine Genmutation macht noch keinen Krebs, es müssen verschiedene Genmutationen zusammenkommen. Dabei gibt es Genmutationen, die harmlos sind. Diese werden in der englischsprachigen Fachliteratur „passenger" - „Passagiere" - genannt. Andere Genmutationen begünstigen das Krebswachstum. Diese werden „driver" genannt, also „Fahrer". Eine der größten Herausforderungen der Tumorforschung besteht darin, diese „Fahrer" herauszupicken. Durch die Unsterblichkeit der Krebszellen vergrößert sich der Tumor. Während gesunde Zellen altern oder sterben, leben Krebszellen selbst in einem toten Körper noch weiter. Ein Tumor ist in der Lage, sich sein eigenes Blutversorgungssystem aufzubauen und wird so geradezu zu einem eigenständigen Organ, das im kranken Menschen entsteht. Durch diese Fähigkeit, die als „Angiogenese" bezeichnet wird, kann sich der Krebs über die Blutbahnen und das Lymphgefäßsystem im Körper zerstreuen und in anderen Organen Tochtergeschwulste, sogenannte „Metastasen" bilden. Diese Tochtergeschwulste stellen die größte Gefahr für die Krebspatientinnen und -patienten dar. Viele Zellen des Primärtumors und der Tochtergeschwulste werden von den körpereigenen Abwehrzellen zerstört. Im Laufe der Zeit gewinnen aber wohl alle Krebszellen die Eigenschaft, sich vor diesen im Verbund arbeitenden Abwehrzellen, den B- und T-Lymphozyten, tarnen zu können. Die Krebszellen können außerdem die Entwicklung von Abwehrzellen hemmen oder Abwehrzellen so umprogrammieren, dass sie die Krebszellen schützen und nicht bekämpfen. So wird schließlich das körpereigene Abwehrsystem außer Kraft gesetzt.[129]

Die Ursachen von Krebs

Ob eine Krebserkrankung entsteht und wie sie verläuft, wird von vielen verschiedenen Faktoren beeinflusst. Bei vielen Krebserkrankungen sind die Ursachen nicht bekannt oder die bekannten Auslöser lassen sich nicht beeinflussen. Zu diesen „internen" Risikofaktoren gehören das zunehmende Alter und die genetische Veranlagung. Daneben gibt es aber auch „externe", vermeidbare Risikofaktoren, unter denen der Tabakkonsum die größte Bedeutung hat. Eine erhebliche Rolle spielen auch Alkoholkonsum, ungünstige Ernährung, Bewegungsmangel und Übergewicht. Hinzu kommen krebserregende Substanzen in der Umwelt wie Asbest oder Schwermetalle. Durch Änderung des Lebenstils und des Lebensumfeldes lässt sich das Krebsrisiko reduzieren, jedoch nicht ganz beseitigen.[130] Laut Weltgesundheitsorganisation (WHO) könnte man dadurch 30% aller Krebstodesfälle verhindern, dennoch bleibt ein beträchtliches Restrisiko. Insofern greift die Aussage zu kurz, dass man auf Tierversuche verzichten könnte, wenn man die Entstehungsursachen von Krebs stärker bekämpfen bzw. beseitigen würde.

Die herkömmliche, ungezielte Krebsbehandlung:

---

[129] Vgl. Karl Lauterbach: Die Krebs-Industrie. Wie eine Krankheit Deutschland erobert, Berlin 2015, S. 24-46; http://www.wissensschau.de/krebs_tumor/tumor_onkogen_genmutationen.php; http://www.wissensschau.de/krebs_tumor/tumor_genmutation_umwelt_vererbung.php (19.05.2017)

[130] Vgl. http://www.krebsdaten.de/Krebs/DE/Content/ZfKD/Archiv/weltkrebstag_2016.html (19.05.2017).

Operation, Bestrahlung und Chemotherapie

Insbesondere Haut- und Brustkrebs werden gewöhnlich mittels einer Operation und - sofern diese nicht ausreicht - mittels Bestrahlung und einer Chemotherapie behandelt. Diese herkömmliche Behandlungsweise hat einen gravierenden Nachteil: Sie zerstört nicht nur kranke Zellen, sondern auch gesunde. Der Chirurg kann zwar versuchen, den Tumor zu entfernen, und den Pathologen prüfen lassen, ob alle Geweberänder tumorfrei sind, Tumornester oder gar Tochtergeschwulste an Stellen jenseits des Operationsfeldes kann er jedoch nicht sehen. Die Bestrahlung kann zwar genau auf den Tumor ausgerichtet werden, jedoch lässt sich nicht ganz vermeiden, dass auch gesundes Gewebe um ihn herum geschädigt wird. Auch hier können außerhalb des Strahlungsfeldes liegende Krebsherde nicht getroffen werden. Im Unterschied zur Operation und Bestrahlung ermöglicht die Chemotherapie mit ihren Medikamenten eine „systemische", also den ganzen Körper betreffende Behandlung. Die als Tabletten, Spritzen oder Infusion verabreichten Wirkstoffe verteilen sich in den verschiedenen Organen und können dadurch potenziell verstreute Tumorzellen erreichen und zerstören. Eine Ausnahme ist das Gehirn, in das aufgrund der so genannten „Blut-Hirn-Schranke" nur bestimmte Substanzen vordringen können. Der gravierende Nachteil der Chemotherapie ist ihre Ungenauigkeit, denn sie zielt auf den Tod von Zellen ab, egal ob gesund oder krank. Ihre Zellgifte stören die Zellteilung und vernichten sich teilende Zellen. Da sich Krebszellen häufiger teilen als gesunde Zellen, ist die Wahrscheinlichkeit größer, sie während der Teilung zu treffen. Ein großes Problem ist jedoch, dass die Tumorstammzellen ohne Teilung existieren können. Sie sind die „Schläfer" des Krebstumors und werden von der Chemotherapie nicht entdeckt.[131]

Gezielte Therapien

---

[131] Vgl. Karl Lauterbach: Die Krebs-Industrie. Wie eine Krankheit Deutschland erobert, Berlin 2015, S. 47-53; https://www.krebsgesellschaft.de/onko-internetportal/basis-informationen-krebs/therapieformen/chemotherapie.html (19.05.2017).

Die herkömmliche Behandlungsform ist also ungezielt oder höchstens beschränkt gezielt. Sie zieht den gesamten Körper in Mitleidenschaft, weshalb sich die Forschung anstrengt, sogenannte „gezielte Therapien" (englisch: „targeted therapies") zu entwickeln. Einen ungewöhnlichen Erfolg hat man bei der chronischen myeloischen Leukämie (CML), einer Art von Blutkrebs, mit dem synthetischen Molekül Imatinib unter dem Markennamen Glivec verbucht. Glivec ist nicht zytotoxisch, schädigt die Zellen also nicht, sondern ist, zytostatisch, hemmt also das Wachstum. Das Molekül dringt in die Zellen ein und fängt dort die Wachstumssignale ab. Bei fast allen Wachstumssignalen in der Zelle sind Enzyme vom Typ der Tyrosinkinase beteiligt. Die Moleküle, die das Wachstum hemmen, werden folglich als Tyrosinkinaseinhibitoren bezeichnet. Glivec stellt allerdings aus zwei Gründen eine Ausnahme dar: Zum einen erreicht kein anderes zielgerichtetes Medikament auch nur annähernd die Wirksamkeit von Glivec. Und zum anderen ist es nicht nur eine Ergänzung zu den Standardmethoden - es ist die eigentliche Behandlung. Ein Problem sind die hohen Kosten von zielgerichteten Therapien. Die Patienten müssen Glivec ihr Leben lang nehmen - sonst kehrt der Krebs zurück. Die Behandlung mit Glivec kostet etwa 40.000 Euro pro Jahr. Ein weiteres Problem ist, dass sie nur an einem einzigen Punkt angreifen. Krebszellen können sich darauf einstellen und ihre Schwachstelle schützen. Daher versucht man, mittels der geschickten Kombination von Wirkstoffen in Zukunft Resistenzbildungen zu verhindern.[132]

Immuntherapien zur Stärkung der körpereigenen Abwehr

Eine Alternative sind Antikörper, die auf der Oberfläche der Krebszelle genau dort andocken, wo sie auf Gene in der Zelle einwirken können. Am bekanntesten ist der Antikörper Trastuzumab, Handelsname Herceptin, der bei der Behandlung von Brustkrebs eingesetzt wird. Es handelt sich dabei um ein relativ großes Protein, das grundsätzlich den natürlichen

---

132 Vgl. Karl Lauterbach: Die Krebs-Industrie. Wie eine Krankheit Deutschland erobert, Berlin 2015, S. 54-64; http://www.wissenschau.de/krebs_tumor/krebstherapie_zielgerichtete_therapien.php (19.05.2017).

Antikörpern gleicht, die das menschliche Immunsystem gegen Viren und Bakterien einsetzt. Herceptin blockiert den Herceptin-Rezeptor, der beim Andocken von Wachstumsfaktor-Molekülen Wachstumssignale an den Zellkern sendet. Im Gegensatz zu Glivec wird Herceptin gewöhnlich nicht alleine angewandt, sondern in Verbindung mit einer Chemotherapie.

Die Krebsbehandlung mit Hilfe von Antikörpern ist eine Form der Immuntherapie. Immuntherapien, die im weiteren Sinne ebenfalls als „gezielt" bezeichnet werden können, sollen körpereigene Abwehrmechanismen aktivieren und stärken. Die im Verbund arbeitenden Abwehrzellen stellen eine Art Körperpolizei dar, die mit den Antikörpern Spezialeinheiten schaffen kann, je nachdem was gerade bekämpft werden soll. So kann die Körperpolizei möglichst sofort gegen Bakterien oder Viren vorgehen. Sie hat aber auch gelernt, körpereigenes und fremdes Gewebe zu unterscheiden. Im gesunden Körper kann sie daher Krebstumore zerstören, wenn sie sich noch im Anfangsstadium befinden. Durch Kontrollpunkte, sogenannte Checkpoints, bremst der Körper die Körperpolizei und verhindert so, dass sie gesunde Zellen angreift. Nun können die Krebszellen sich jedoch tarnen, indem sie ebenfalls an die Checkpoints Bremssignale aussenden. Damit die Körperpolizei auch unter solch erschwerten Bedingungen ihrer Aufgabe nachkommen kann, bedarf sie einer Sonder-Trainingseinheit: der Immuntherapie. Spezifische Antikörper wie Rituximab, Handelsname MabThera, heften sich an die Krebszellen und helfen der Körperpolizei dazu, diese zu erkennen. Und andere Antikörper, zu denen Ipilimumab, Handelsname Yervoy, gegen Hautkrebs und Nivolumab gegen Lungenkrebs gehören, blockieren die Bremssignale an die Checkpoints und werden daher Checkpoint-Hemmer oder Checkpoint-Inhibitoren genannt. Die beiden großen Probleme der Immuntherapien sind die hohen Kosten und die Gefahr, dass die Körperpolizei auch gesunde Zellen angreift.[133]

---

133 Vgl. Karl Lauterbach: Die Krebs-Industrie. Wie eine Krankheit Deutschland erobert, Berlin 2015, S. 65-98; http://www.wissensschau.de/krebs_tumor/checkpoint-hemmer_immuntherapie.php; https://www.krebsinformationsdienst.de/wegweiser/iblatt/iblatt-immuntherapie.pdf; http://www.research.bayer.de/de/28-immuntherapien-gegen-krebs.pdfx (19.05.2017).

Der Boom der Krebsmäuse

Die gezielten Therapien und die Immuntherapien haben zu einem starken Anstieg der Versuche mit genetisch veränderten Tieren geführt, wobei in der Krebsforschung vor allem Mäuse zum Einsatz kommen, sogenannte Krebsmäuse. Mäuse sind dem Menschen genetisch ähnlich und ihre Gene lassen sich leicht verändern. In Mäusen werden durch das An- und Abschalten von Onkogenen und Tumorsuppressorgenen künstlich Tumore hervorgerufen und wieder zurückgebildet. Anhand der Krebsmäuse kann untersucht werden, wie Tochtergeschwulste entstehen und wie Krebszellen ihre Zerstörung verhindern. Da Krebskrankheiten sehr vielfältig sind, bedarf es möglichst maßgeschneiderter „Mausmodelle". Mit der zunehmenden Individualisierung der Krebstherapien steigt der Bedarf immer weiter an. Dabei beruht das gängigste Verfahren zur Herstellung genetisch veränderter Mausmodelle auf der Kultur und genetischen Veränderung von embryonalen Stammzellen der Maus. Dazu werden von einer Blastozyste, also von einem erst aus wenigen Zellen bestehenden Embryo, Stammzellen entnommen. Die Stammzellen werden genetisch verändert und dann in einer anderen Blastozyste eingefügt, die wiederum einer scheinschwangeren Maus implantiert wird, die dann das heranwachsende Tier austrägt. Bei der ausgetragenen Maus handelt es sich um eine Chimäre, also um eine Maus, die aus unveränderten und veränderten Zellen besteht. Diese kann die genetische Veränderung auf ihre Nachkommen vererben, sofern sich aus den embryonalen Stammzellen auch Keimzellen entwickelt haben.[134]

Die benötigten genetisch veränderten Mäuse werden - ebenso wie andere genetisch veränderte Tiere - wie Produkte behandelt. Sie werden in Katalogen verkauft und auf Vorrat gezüchtet. Sammlungen beschleunigen die Herstellung genetisch veränderter Mäuse und

---

[134] Vgl. Johannes H. Schulte, Joachim Göthert: Maßgeschneiderte Nager, in: Translationale Krebsforschung - Auf dem Weg zu neuen Therapien, Unikate 42 (2012), 42-50; http://www.zum.de/Faecher/Materialien/hupfeld/methoden/maus-knock-out/erzeug-knock-out-maus.htm (19.05.2017). Das Ausschalten eines Gens wird als „knockout", das teilweise Abschalten der Funktion des Gens als „knockdown" und das Einfügen eines Gens als „knockin" bezeichnet.

stellen jeder Wissenschaftlerin und jedem Wissenschaftler die für seine Forschung benötigte Maus zur Verfügung. Darüber hinaus wurden Initiativen zur Herstellung weiterer genetisch veränderter Mäuse gegründet. Auch wenn mittlerweile viele Mäuse über derartige Sammlungen und Initiativen zur Verfügung stehen, müssen spezielle, komplexere Modelle meist doch für die aktuelle Fragestellung neu entwickelt werden. Genetisch veränderte Mäuse (samt deren Nachkommen) werden patentiert, weil sie durch die Neugestaltung ihrer biologischen Merkmale als kostspielige menschliche Neuerfindungen gelten.[135]

Verknüpfung von Mikrosystemtechnik mit 3D-Zellkulturen

Um Tierleid zu vermeiden, muss die Entstehung von Krebs anhand von menschlichen Krebszellen untersucht werden, ohne dabei Tiere zu verwenden. Einen hoffnungsvollen Ansatz stellt das Projekt CheMon3D dar, das gemeinsam von der Arbeitsgruppe Molekulare Onkologie des Universitätsklinikums Freiburg i. Br. und des Deutschen Krebsforschungszentrums und von der Arbeitsgruppe Sensoren des Instituts für Mikrosystemtechnik (IMTEK) der Universität Freiburg i. Br. entwickelt wird. Für das Forschungsprojekt werden menschliche Zellen einer besonders häufigen, aggressiven und zu Tochtergeschwulsten neigenden Form des Brustkrebses verwendet. Diese werden zu dreidimensionalen Zellkulturen weiterentwickelt und dann mittels Mikrosensortechnologie überwacht. Die im Kulturgefäß eingebauten Bio- und Chemosensoren sind etwa so klein wie die Zellen. Sie erfassen den Stoffwechsel der Tumorzellen - konkret den Sauerstoff- und Glukoseverbrauch - und zeigen nahezu in Echtzeit an, wie diese auf Medikamente reagieren. Weil es sich um die Tumorzellen eines ganz bestimmten Menschen handelt,

---

[135] Vgl. Johannes H. Schulte, Joachim Göthert: Maßgeschneiderte Nager, in: Translationale Krebsforschung - Auf dem Weg zu neuen Therapien, Unikate 42 (2012), 45, die als Beispiel für eine Sammlung genetisch veränderter Mäuse www.jax.org und und als Beispiel für eine Initiative zur Herstellung weiterer genetisch veränderter Mäuse das European Conditional Mouse Mutagenesis Program (EUCOMM) nennen.

können Aussagen zur voraussichtlichen Wirkung bei eben diesem Menschen gemacht werden.[136]

Kann das Konzept auch auf andere Krebsarten übertragen werden und so Tierversuche in der Krebsforschung überflüssig machen? Im Hinblick auf Technik, Sensorik und Messung spielt es - abgesehen von Details in der Handhabung - keine Rolle, welche Zelltypen verwendet werden. So wurden neben Brustkrebs- auch schon Hirn- oder Lebertumorzellen in Mikrosystemen gezüchtet und auf vergleichbare Art vermessen. Allerdings sind die Zellmodelle hinsichtlich ihrer Kultivierung und Aussagekraft unterschiedlich anspruchsvoll. Bei CheMon3D soll ein Originaltumor abgebildet werden, womit es sich um ein anspruchsvolles Modell handelt. Ähnlich anspruchsvolle Tumormodelle müssen erst entwickelt und auf ihre Funktionalität hin überprüft werden.[137]

Ende der Tierversuche in der Krebsforschung nicht in Sicht

Auch wenn es bereits hoffnungsvolle Projekte wie CheMon3D gibt, ist auf absehbare Zeit nicht von einem Ende der Tierversuche auszugehen. Das liegt zum einen daran, dass die bereits existierenden Projekte noch nicht vollständig ausgereift sind, zum anderen ist das Gebiet der Krebsforschung hochgradig komplex. Mit dem zunehmenden Aufkommen der personalisierten Krebsmedizin hat die Herstellung von genetisch manipulierten Mäusen einen Schub bekommen, der so schnell nicht abebben dürfte. Der Kampf gegen den Krebs zieht derzeit alle Aufmerksamkeit auf sich, wodurch die Reduzierung der Tierversuche in der Krebsforschung und Pharmaindustrie in den Hintergrund rückt.

Nicht vernachlässigt werden darf hierbei die Macht von Lobbyisten und Geld. Die Entwicklung neuer Wirkstoffe ist extrem teuer und wird mit mehr als einer Milliarde Dollar pro Medikament angegeben. Mit den extrem hohen Entwicklungskosten werden

---

136 Vgl. http://www.pr.uni-freiburg.de/pm/2016/pm.2016-02-19.21 (19.05.2017). Ausführlich dazu: Andreas Weltin: Accessing 3D microtissue metabolism: Lactate and oxygen monitoring in hepatocyte spheroids, Biosensors and Bioelectronics 87 (2017), 941-948.
137 Schriftliche Mitteilung von Andreas Weltin.

seitens der Pharmaindustrie die extrem hohen Verkaufspreise der Medikamente begründet. Dabei wird in Studien bezweifelt, ob die Entwicklungskosten tatsächlich so hoch wie behauptet sind. Oftmals wird nur die Lizenz von einer (meist kleineren) Biotechnologiefirma übernommen, so dass die Kosten geringer ausfallen. Wirkliche Innovationen gibt es nur bei wenigen Wirkstoffen. Der Verkaufspreis der Krebsmedikamente spiegelt die tatsächlichen Entwicklungskosten nur unzureichend wieder. Viele Medikamente heilen die Krebskrankheit auch nicht, sondern verlängern das Leben der Patientinnen und Patienten, und das auch nur für eine sehr begrenzte Zeit. So können für ein Jahr Lebensverlängerung Kosten von über 100.000 Euro entstehen. Dem gegenüber stehen Preis- oder Fördergelder, die sich gewöhnlich im Zehntausender- oder Hunderttausender-Bereich bewegen und jeweils nur wenigen Projekten zugute kommen. Nutznießer dieser Situation sind insbesondere die wenigen großen Pharmakonzerne, die aufgrund des Geldes und notwendigen Einflusses auf die entsprechenden Wissenschaftler/innen in Kliniken und Zulassungsbehörden in der Lage sind, ein neues Krebsmedikament auf den Markt zu bringen. Rund um die Krebsforschung und Entwicklung von Medikamenten hat sich eine ganze Industrie entwickelt, die hinsichtlich eines möglichen Verbotes oder einer erheblichen Einschränkung der Tierversuche ein gewichtiges Wort mitzureden hat. Nicht vergessen werden darf auch der Druck, der durch das Streben der Krebskranken nach Heilung oder zumindest Lebensverlängerung entsteht.[138]

---

138 Ausführlich zur Krebsindustrie siehe Karl Lauterbach: Die Krebs-Industrie. Wie eine Krankheit Deutschland erobert, Berlin 2015.

Tierversuchsfreie Prüfung der Giftigkeit

Nach dem Vermarktungsverbot von an Tieren getesteten Kosmetika in der EU richtet sich der Blick von Tierschützer/innen nun vorrangig auf ein Verbot von Haushaltsprodukten, die an Tieren getestet sind. Für die Untersuchung der Giftigkeit von deren Inhaltsstoffen sind derzeit noch Tierversuche vorgeschrieben. Außerdem fehlt es an anerkannten tierversuchsfreien Alternativmethoden. Wir brauchen eine Gesamtstrategie, um Tierversuche, mit denen die Giftigkeit geprüft wird, vollständig durch tierversuchsfreie Alternativen zu ersetzen.

Haushaltsprodukte bei Forderung nach Verbot von Tierversuchen im Blick

Nachdem am 11. März 2013 die Vermarktung von Kosmetika, die an Tieren getestet wurden, in der Europäischen Union (EU) verboten worden war, richtete sich das Hauptaugenmerk der Tierschützer/innen auf die Haushaltsprodukte. Das lässt sich leicht erklären: Viele Inhaltsstoffe finden sich sowohl in Kosmetika als auch in Haushaltsprodukten, was dazu führt, dass sie weiter an Tieren getestet werden dürfen. Dieses Schlupfloch muss aus ihrer Sicht gestopft werden. Menschen für Tierrechte - Bundesverband der Tierversuchsgegner e. V. startete zusammen mit der Europäischen Koalition zur Beendigung von Tierversuchen (The European Coalition to End Animal Experiments, ECEAE) Ende Juli 2015 die Kampagne „Stoppt Tierversuche für Haushaltsprodukte". Das Verbot soll laut Initiatoren der Kampagne wie bei dem erfolgreichen Kosmetik-Prinzip ab dem Tag X erfolgen, auch wenn aufgrund fehlender tierversuchsfreier Tests neue Produkte nicht vermarktet werden können. Die Tierschützer/innen setzen darauf, dass der Industrieverband Körperpflege und Waschmittel e. V. (IKW) und seine europäischen Partnerverbände dann verstärkt in die Entwicklung der noch fehlenden tierversuchsfreien Verfahren investieren.

Tierversuche sind nach Chemikaliengesetz vorgeschrieben

Das deutsche Tierschutzgesetz verbietet seit 1987 Tierversuche zur Entwicklung von Waschmitteln. Das Verbot wirkt sich in der Praxis kaum aus, obwohl der Begriff recht breit gefasst ist: er umfasst nicht nur Erzeugnisse zum Wäschewaschen, sondern beispielsweise auch Haushaltsreiniger. Es gibt kein Vermarktungsverbot für Waschmittel (und sonstige Haushaltsmittel), die an Tieren getestete Substanzen enthalten. Importe sind also weiterhin möglich. Zum anderen werden nur wenige Inhaltsstoffe ausschließlich für Waschmittel verwendet. Oftmals sind sie auch Bestandteil von Chemikalien, was dazu führt, dass sie nach Chemikalienrecht geprüft werden.[139]

Maßgeblich für Chemikalien ist neben dem Tierschutzgesetz die europäische Chemikalienverordnung REACH (Registration, Evaluation, Authorisation and Restriction of Chemicals, 1907/2006/EG). Diese regelt die Registrierung, Bewertung, Zulassung und Beschränkung von Chemikalien in der EU. Die EU-Chemikalienverordnung, die 2007 in Kraft getreten ist, beruht auf folgendem Grundsatz: Die Hersteller und Verwender von Chemikalien müssen sicherstellen, dass die chemischen Stoffe die menschliche Gesundheit und die Umwelt nicht schädigen. Gemäß REACH dürfen chemische Stoffe in Europa nur dann vermarktet werden, wenn sie umfangreich auf ihre Unbedenklichkeit hin untersucht worden sind. Bei der gesetzlich vorgeschriebenen Absicherung neuer chemischer Stoffe werden u. a. die Aufnahme über die Haut sowie die Haut- und Schleimhautverträglichkeit geprüft. Die notwendigen Tests werden in der Regel von dem Hersteller, der die Stoffe anbietet, durchgeführt oder in Auftrag gegeben. Um die Notwendigkeit umfangreicher tierexperimenteller Studien für die Unbedenklichkeitsprüfung möglichst gering zu halten, sollen

---

139 Vgl. https://www.tierrechte.de/themen/tierversuche/tierversuche-fuer-haushaltsprodukte (19.05.2017).

soweit wie möglich Tierversuche vermieden und tierversuchsfreie Methoden eingesetzt und entwickelt werden. Versuche an Wirbeltieren sollen nur als letzte Möglichkeit durchgeführt werden. Entsprechende Studien dürfen nicht wiederholt, sondern von verschiedenen Herstellern gemeinsam genutzt werden.[140] Problematisch ist, dass für viele Giftigkeitsprüfungen keine behördlich anerkannten Alternativverfahren existieren, so dass weiterhin an Tieren getestet werden muss. Das gilt insbesondere auch für Wasch- und Reinigungsmittel, die mit dem Zusatz „antibakteriell" oder „desinfizierend" beworben werden, und daher seit 2013 auch nach der EU-Biozidprodukte-Verordnung (528/2012) geprüft werden müssen.[141]

Wirksamkeit und Sicherheit eines Inhaltsstoffes

Eine Substanz kann in verschiedener Hinsicht schädigende Wirkung haben; Giftigkeit ist nicht gleich Giftigkeit. Wenn eine Substanz beispielsweise auf eine ganz bestimmte Stelle der Haut gelangt und dort eine Reizung hervorruft, dann spricht man von einer lokalen Toxizität. Die Giftigkeit (= Toxizität) zeigt sich also örtlich (= lokal) begrenzt, und zwar am Ort des Kontaktes. Eine Substanz, die auf Haut oder Schleimhäute gelangt, kann aber auch an einer anderen Stelle des Körpers zu einer Schädigung führen. Diese kann den ganzen Organismus oder auch ein bestimmtes Organ, beispielsweise die Leber, betreffen. In diesem Fall spricht man von systemischer Toxizität. Neben diesen beiden Arten der Giftigkeit gibt es auch noch weitere: Von Genotoxizität spricht man, wenn eine Substanz direkt oder indirekt die Gene in Zellen schädigt, von Karzinogenität, wenn eine Substanz krebserregend ist. Und schließlich gibt es noch die Reproduktionstoxizität, womit

---

140 Vgl. http://www.bfr.bund.de/cm/343/fragen-und-antworten-zu-tierversuchen-und-alternativmethoden.pdf; http://ec.europa.eu/growth/sectors/chemicals/reach/ (19.05.2017). Die Tierversuche einschränkenden Bestimmungen wurden laut Ärzte gegen Tierversuche e. V. von Tierversuchsgegnerinnen und -gegner durchsetzen; vgl. https://www.aerzte-gegen-tierversuche.de/de/infos/eu/159-reach-grausame-und-sinnlose-chemikalien-tierversuche (19.05.2017).
141 Vgl. https://www.tierrechte.de/themen/tierversuche/tierversuche-fuer-haushaltsprodukte; http://www.dialog-kosmetik.de/fileadmin/media/download/Grundlagenpapier.pdf (19.05.2017).

schädliche Auswirkungen auf die normalen Sexualfunktionen und auf die Fruchtbarkeit bei Männern und Frauen gemeint sind. Auch schädliche Auswirkungen auf die Entwicklung der Nachkommen sind darin einbezogen.[142]

Um zu prüfen, wie giftig eine Substanz ist, reicht gewöhnlich ein einzelner Versuch nicht aus, sondern es wird eine Vielzahl verschiedenartiger Versuche miteinander kombiniert. Dies ist nicht nur wegen der verschiedenen Arten der Giftigkeit notwendig, sondern auch für die möglichst zuverlässige Untersuchung einer ganz bestimmten Giftigkeit. Tierversuche stellen dabei nur eine von vielen verschiedenen Testmethoden dar und können sehr unterschiedlich beschaffen sein. Die Prüfsubstanz kann den Versuchstieren auf die Haut aufgetragen, gespritzt oder per Magensonde verabreicht werden. Das Auftragen, Spritzen oder Verabreichen der Prüfsubstanz kann einmalig oder wiederholt geschehen. Und das Ausmaß des Leides kann für die Tiere sehr unterschiedlich sein, wobei verschiedentlich die Versuchstiere nach dem Versuch getötet werden. Dies geschieht beispielsweise, wenn die Zellen (z. B. des Knochenmarks) von Versuchstieren auf Veränderungen des Erbgutes (DNA) untersucht werden sollen. Oder wenn für die Untersuchung der Reproduktionstoxizität beurteilt werden soll, ob die per Schlundsonde verabreichte Substanz das Muttertier oder die Nachkommen schädigt. In diesem Fall erfolgt die Tötung der Versuchstiere zu verschiedenen Zeitpunkten der Trächtigkeit.[143]

Tierversuchsfreie Untersuchung der Giftigkeit derzeit nur eingeschränkt möglich

Eine gänzlich tierversuchsfreie Untersuchung der verschiedenen Arten der Giftigkeit ist nach dem gegenwärtigen Stand nicht möglich. Für einige Arten der Giftigkeitsprüfung liegen zwar anerkannte Alternativmethoden vor, für andere jedoch nicht.

---

142   Vgl. https://www.eupati.eu/de/nicht-klinische-studien/allgemeine-toxizitaetsstudien/ (19.05.2017).
143   Vgl. Haushaltsprodukte: Tierversuche und tierversuchsfreie Verfahren in der Übersicht, tierrechte 3/2015, S. 7; http://www.tierrechte.de/images/stories/Presse_und_Magazin_Tierrechte/Magazin_3-15.pdf (19.05.2017).

Die Entwicklung alternativer Verfahren für die Untersuchung der lokalen Toxizität ist dagegen weit fortgeschritten und auch für die Untersuchung von Schädigungen des Erbgutes stehen mehrere anerkannte In-vitro-Methoden (Methoden „im Reagenzglas") zur Verfügung. Keinen Ersatz gibt es derzeit bei der Untersuchung der systemischen Toxizität, der Reproduktionstoxizität und der krebserregenden Wirkung. Dies gilt insbesondere für Untersuchungen zur chronischen Toxizität, bei denen geprüft wird, ob sich bei wiederholter Anwendung einer Prüfsubstanz schädigende Wirkungen einstellen. So können Zellsysteme herangezogen werden, um die akute Toxizität zu untersuchen, d. h. ob eine Prüfsubstanz bei einmaliger Anwendung in kurzer Zeit eine schädigende Wirkung hat. Will man jedoch mittels Langzeitbeobachtungen die chronische Toxizität untersuchen, d. h. ob eine Prüfsubstanz bei wiederholter Anwendung Schädigungen nach sich zieht, dann ist die Verwendung von Zellkulturen aufgrund ihrer kurzen Haltbarkeitsdauer nicht geeignet. Hier ruht die Hoffnung insbesondere auf der Human-on-a-Chip-Technologie. Dabei handelt es sich um einen künstlichen Mini-Organismus, der die wesentlichen Organreaktionen des menschlichen Organismus nachbildet.[144] Bei diesem können die vorgeschriebenen sogenannten 28-Tage-Tests durchgeführt werden. Dabei wird im Tierversuch einem Nagetier über 28 Tage hinweg täglich eine bestimmte Dosis einer Testsubstanz verabreicht, um die Wirkungen auf den lebendigen Organismus zu untersuchen. Mit der Human-on-a-Chip-Technologie sollen auch Langzeittests möglich sein, die sich ein Jahr lang hin ziehen können. Nur dann kann sie mit Tierversuchen konkurrieren. In ferner Zukunft soll es möglich sein, einen personalisierten Chip für jede Patientin und jeden Patienten mit eigenen Zellmaterial zu bauen, um die Reaktionen eines Wirkstoffs individuell messen zu können.

---

144   Vgl. Haushaltsprodukte: Tierversuche und tierversuchsfreie Verfahren in der Übersicht, tierrechte 3/2015, S. 7; Fast 300 „Versuchstiere" für ein Badezimmer-Spray, tierrechte 3/2015, S. 10-11; http://www.tierrechte.de/images/stories/Presse_und_Magazin_Tierrechte/Magazin_3-15.pdf (19.05.2017).

Die Vielfalt an Fragestellungen erfordert eine Vielfalt an Testmodellen

Die Haut spielt als Modell eine besondere Rolle: Sie bildet die Grenzfläche zwischen dem menschlichen Körper und dessen Umwelt und kommt somit mit einer Vielzahl kosmetischer, pharmazeutischer und chemischer Substanzen in Kontakt. Insbesondere infolge des schrittweise verschärften Verbots von Tierversuchen für Kosmetika ist der Bedarf an Hautmodellen stark gestiegen, weil Tests weiterhin gesetzlich vorgeschrieben sind. Aufgrund der Vielzahl an Fragestellungen reicht jedoch eine Testmethode ebenso wenig aus wie ein Hautmodell. Es macht einen großen Unterschied, ob untersucht werden soll, ob der Wirkstoff eines Spülmittels die Haut reizt, ob eine Substanz einer Salbe wundgelegene Stellen tatsächlich heilt, ob eine Substanz einer Sonnencreme bei Sonneneinstrahlung eine Allergie hervorruft oder ob sich der Wirkstoff eines Medikaments im Fettgewebe der Haut anreichert und dort Schädigungen hervorruft. Es sind jeweils unterschiedliche Stellen des Körpers und unterschiedliche Teile der Haut betroffen, äußere Einflüsse wie die Sonne können eine Rolle spielen und schließlich ist die Wechselwirkung von Haut und gesamtem menschlichem Organismus zu beachten.

Zu den führenden Instituten bei der Herstellung von Hautmodellen gehört das Fraunhofer-Institut für Grenzflächen- und Bioverfahrenstechnik IGB in Stuttgart, das auf die jeweilige Fragestellung zugeschnittene Hautmodelle entwickelt. Das Ausgangsmaterial dieser Modelle ist menschliche Haut, die insbesondere aus Operationsabfällen stammt. Aus dieser Haut, die aus der Oberhaut (= Epidermis), der aus Bindegewebe bestehenden Lederhaut (= Dermis oder Corium) und dem Unterhautfettgewebe (= Subcutis) zusammengesetzt ist, werden Keratinozyten, Fibroblasten und Fettzellen isoliert. Bei den Keratinozyten handelt es sich um Zellen, die den Hauptbestandteil der Oberhaut samt ihrer obersten Schicht, der Hornhaut, ausmachen. Die Fibroblasten dagegen sind die Hauptzellen des Bindegewebes. Diese beiden Zellarten werden für die Entwicklung der Oberhaut und der Lederhaut der dreidimensionalen Modelle benötigt, wobei zusätzlich für die Entwicklung des Unterhautfettgewebes Fettzellen herangezogen werden können. Je nach Einsatz der Zelltypen können auf diese Weise einfache Modelle der Oberhaut, mehrschichtige Modelle mit Oberhaut und Lederhaut oder aber sehr komplexe Modelle mit Oberhaut, Lederhaut und Unterhautfettgewebe hergestellt werden. Diese unterschiedlichen Modelle ermöglichen die Untersuchung von Hautreizungen und -krankheiten über die Einlagerung von Giftstoffen im Unterhautfettgewebe bis hin zur heilenden Wirkung von Cremes. Und zu diesen schon zahlreichen Fragestellungen und Untersuchungen lassen sich noch weitere hinzufügen: Wenn die Wirkung einer Bräunungscreme getestet werden soll, dann werden gezielt Pigmentzellen (= Melanozyten) in die Oberhaut eingebracht. Und wenn geprüft werden soll, ob sich eine Substanz einer Sonnencreme im UV-Licht (= Ultraviolettes Licht) der Sonne zu einem Giftstoff verwandelt, dann kann ein Hautmodell mit einer UV-Dosis bestrahlt werden.[145]

Das ethische Problem der Gewinnung von Nährflüssigkeit für Zellkulturen

Zellkulturen brauchen eine Nährstofflösung, um zu wachsen. Diese Nährstofflösung kann auf verschiedene Arten gewonnen werden; es hängt vom forschenden Labor, der dort verwendeten Zellkultur und den dort herrschenden ethischen Prinzipien ab. Bei einem Multi-Organ-Chip beispielsweise muss die Nährstofflösung alle Nährstoffe enthalten, die die Organe im menschlichen Körper enthalten. Die Zusammensetzung der Nährstofflösung muss sich also danach richten, von welchen Organen die Zellen stammen.

Die Nährstofflösung, die die Zellteilung mittels Hormonen und Wachstumsfaktoren anregen soll, wird gewöhnlich synthetisch gewonnen, wobei jedoch insbesondere bei einfachen Zellkulturen Fötales Kälberserum (FKS) - auch Fötales Bovines Serum (FBS) oder Fetal Calf Serum (FCS) genannt - zugegeben wird. Dabei handelt es sich um ein Nebenprodukt der Fleischindustrie, das vor allem in den USA und in Argentinien, Brasilien, Südafrika, Australien und Neuseeland anfällt. Nur dort weiden in den großen Rinderherden

---

145 Vgl. http://www.igb.fraunhofer.de/de/forschung/kompetenzen/zell-und-tissue-engineering/gewebemodelle-pruefverfahren/humane-3d-hautmodelle.html (19.05.2017).

Kühe und Stiere gemeinsam, weshalb immer eine entsprechende Anzahl trächtiger Tiere zur Schlachtung kommt. Im Schlachthof wird den Föten in fortgeschrittenem Entwicklungsstadium bis zum geburtreifen Alter eine dicke Nadel durch die Rippen in das schlagende Herz gestochen (= punktiert) und so viel Blut wie möglich abgesaugt. Dann lässt man das Blut gerinnen und trennt anschließend das Rohserum durch Zentrifugation vom Blutkuchen ab. Dieses Serum enthält jede Menge Wachstumsfaktoren. Die Suche nach Alternativen hat mehrere Gründe: Zum einen ist diese Methode ethisch schwer vertretbar, da die Kälber einen qualvollen Tod sterben. Zum anderen ist die Verfügbarkeit des Serums und damit auch sein Preis von den Entwicklungen auf den ausländischen Viehmärkten und den marktpolitischen Entscheidungen einiger weniger Hersteller abhängig. Und schließlich beeinträchtigen Viren, Bakterien, Pilze, Prionen und unbekannte Bestandteile im Fötalen Kälberserum die Aussagekraft von Ergebnissen. Es soll ja schließlich nicht der Stoffwechsel des Kalbes gemessen werden, sondern der Stoffwechsel der kultivierten Zellen.

Da Fötales Kälberserum nicht künstlich gewonnen oder hergestellt werden kann, wird an verschiedenen Alternativen geforscht. So wird versucht, auf serumfreie, chemisch definierte Medien umzusteigen. Dabei handelt es sich um Medien, bei denen - im Gegensatz zum Fötalen Kälberserum - alle Komponenten definiert und bekannt sind. Sie ermöglichen es, einer Nährstofflösung ganz gezielt Wachstumsfaktoren und Hormone hinzu zu fügen. Hoffnungsvoll ist der Ansatz, nicht benötigte Blutplättchen (Thrombozyten) des Menschen aus Blutspenden zu nutzen. Ein solcher Thrombozytenextrakt konnte bereits erfolgreich für die Kultivierung verschiedener Zelllinien eingesetzt werden, jedoch sind weitere Studien erforderlich. Die Entwicklung dieses Verfahrens wurde von der Stiftung set (Stiftung zur Förderung der Erforschung von Ersatz- und Ergänzungsmethoden zur Einschränkung von Tierversuchen) gefördert. Um das Verfahren abschließen zu können, bedarf es einer Anschlussfinanzierung.[146]

Wege der Kostensenkung bei der Entwicklung von Ersatzmethoden

Die Entwicklung von Modellen für tierversuchsfreie Alternativmethoden ist kostspielig, weshalb Wege gefunden werden müssen, die Kosten zu senken. Häufig werden Alternativmethoden nicht neu erfunden, sondern es wird auf bestehenden Forschungsergebnissen und Verfahren aufgebaut. So hat das Fraunhofer-Institut für Grenzflächen- und Bioverfahrenstechnik IGB einen Phototoxizitätstest mit einem Hautmodell aus menschlichen Hautzellen entwickelt, das auf einem Verfahren basiert, das Zellen der Maus verwendet. Das gleiche Institut hat noch einen weiteren Weg der Kostensenkung gefunden: die vollautomatisierte Herstellung, die Massenproduktion ermöglicht. Außerdem wurden Technologien zur automatisierten Durchführung von Tests mit diesen Gewebemodellen entwickelt. Und schließlich wird versucht, durch Zusammenarbeit die Verfügbarkeit von Testmodellen zu verbessern. Wenn Hautmodelle kommerziell entwickelt und hergestellt werden, dann hängt ihre Verfügbarkeit stark von der Marktstrategie der Anbieter ab. Werden Hautmodelle jedoch - analog zur Informationstechnologie - in einem Open-Source-Prozess hergestellt und alle Protokolle zur Herstellung frei von rechtlichen Beschränkungen veröffentlicht,

---

146 Vgl. http://www.laborjournal.de/rubric/produkte/products_15/2015_01.lasso; https://www.tierrechte.de/presse-a-magazin/pressemitteilungen/11-august-2015-humanes-serum-statt-foetales-kaelberserum-menschen-fuer-tierrechte-fordern-tierleidfreie-verfahren; https://www.i-med.ac.at/dpmp/physiologie/research/gstraunthaler/alternative.html (jeweils 19.05.2017). Als Zelllinie bezeichnet man Zellen einer Gewebeart, die sich in einer Zellkultur unbegrenzt fortpflanzen können.

kann ein breites wissenschaftliches Umfeld zur Verbesserung der Modelle beitragen.[147]

Die Pharma- und Kosmetikindustrie sind an Alternativen zum Tierversuch interessiert

Sowohl die Pharma- als auch die Kosmetikindustrie ist an Alternativen zum Tierversuch interessiert. Die Kosmetikindustrie deswegen, weil seit 2013 für die Kosmetikindustrie keine Tierversuche mehr durchgeführt werden dürfen. So kommt es, dass beispielsweise der Konzernriese Beiersdorf, der Marken wie Nivea, Labello oder Hansaplast produziert, auf die Human-on-a-Chip-Technologie setzt und mit der TissUse GmbH bei der Fortentwicklung der bereits vorhandenen Multi-Organ-Chips kooperiert. Um herauszufinden, wie Substanzen im menschlichen Körper verstoffwechselt werden, vergleicht Beiersdorf in sogenannten „Proof-of-Concept"-Studien die Ergebnisse aus Versuchen, bei denen die Chip-Technik eingesetzt wird, mit Ergebnissen aus Humanstudien. Auf diese Weise wird untersucht, wie zuverlässig die aus der Chip-Technik gewonnenen Ergebnisse sind. In dieser aktuellen Evaluierungsphase führt das Unternehmen seine Studien ausschließlich mit wissenschaftlich bereits gut erforschten und beschriebenen Inhaltsstoffen durch. Es ist bereits zu erkennen, dass sich mit dem ersten Haut-Leber-Chip die Wechselwirkung von Haut- und Leberzellen realistisch simulieren lässt.[148]

---

[147] Ausführlich zum Phototoxizitätstest: Sibylle Thude, Petra Kluger: In-vitro-Testsystem humaner Haut zur Beurteilung phototoxischer Substanzen, in: Jahresbericht 2014/15, hrsg. vom Fraunhofer-Institut für Grenzflächen- und Bioverfahrenstechnik IGB, Stuttgart 2015, S. 86-87. Ausführlich zur Vollautomatisierung: Jan Hansmann, Thomas Schwarz: Automatisierte Testungen mit In-vitro-Gewebemodellen, in: Jahresbericht 2014/15, hrsg. vom Fraunhofer-Institut für Grenzflächen- und Bioverfahrenstechnik IGB, Stuttgart 2015, S. 82-83. Vgl. http://www.tissue-factory.com. Zum Open-Source-Prozess: Florian Groeber, Heike Walles: Open-Source-rekonstruierte Epidermis als Ersatz zum Tierversuch, in: Jahresbericht 2014/15, hrsg. vom Fraunhofer-Institut für Grenzflächen- und Bioverfahrenstechnik IGB, Stuttgart 2015, S. 80-81.

[148] Vgl. http://www.spektrum.de/news/organ-chips-sollen-tierversuche-ersetzen/1358555 (19.05.2017). Schriftliche Antwort einer Sprecherin der Beiersdorf AG auf eine Anfrage vom 04.11.2016.

Die Pharmaindustrie setzt darauf, dass die Multi-Organ-Chips in der vorklinischen Entwicklungsphase von Medikamenten die Tierversuche ergänzen werden. Mit ihnen will man genauer einschätzen, ob ein Medikament beim Menschen wirksam und sicher sein wird. Jedes Medikament, das bei Tieren wirkt, dann aber bei den Tests an Menschen scheitert, verursacht Kosten. Es spart also Geld, unwirksame Medikamenten-Kandidaten durch eine ausgeklügelte Kombination von Testmethoden auszusortieren. Umgekehrt vermeidet man, dass wirksame Medikamenten-Kandidaten nicht am Menschen getestet werden, nur weil sie im Tierversuch keine Wirkung zeigen.

Vergleichsweise geringe Fördergelder für Ersatzmethoden

Die Kooperationen mit Unternehmen ersetzen jedoch nicht die Unterstützung durch die öffentliche Hand. Mit welchem Tempo sich tierversuchsfreie Alternativmethoden etablieren, hängt in hohem Maße von der finanziellen Förderung ab. Fördermaßnahmen gibt es auf Bundes- und Länderebene Die bundesweite direkte Förderung alternativer Methoden erfolgt maßgeblich im Förderschwerpunkt „Ersatzmethoden zum Tierversuch" des Bundesministeriums für Bildung und Forschung (BMBF). Dabei sind die Fördermittel der Fördermaßnahme „Alternativmethoden im Tierversuch" in den letzten Jahren gestiegen, und zwar von 3,4 Mio. (2014) über 4,4 Mio. (2015) auf 6,3 Mio. Euro (2016). Hinzu kommen noch weitere, kleinere Fördermaßnahmen. Darüber hinaus unterstützt das Bundesministerium für Ernährung und Landwirtschaft (BMEL) die Stiftung zur Förderung der Erforschung von Ersatz- und Ergänzungsmethoden zur Einschränkung von Tierversuchen (set) jährlich mit 100 000 Euro. Im Rahmen des Bundeshaushalts 2017 stellt die Bundesregierung insgesamt 5,4 Mio. Euro für die Förderung von Ersatzmethoden zum Tierversuch zur Verfügung. Außerdem sind 1,4 Mio. Euro für Maßnahmen des Bundesinstitutes für Risikobewertung (BfR) im Bereich der Erforschung von Alternativmethoden vorgesehen.

Leider ist es nicht möglich, die im Bundeshaushalt für die Durchführung von Tierversuchen zur Verfügung gestellten

Mittel genau zu beziffern. Anders als bei der Vergabe von Mitteln mit dem Zweck der Entwicklung von Ersatzmethoden zum Tierversuch vergibt die Bundesregierung nämlich keine Mittel, die die Durchführung von Tierversuchen fördern sollen. Vielmehr werden Projekte gefördert, die vielfältigen Zwecken dienen, zu deren Erreichen teilweise Tierversuche erforderlich sind.[149] Sieht man sich die hohen Kosten für den Bau und Unterhalt der Häuser für Versuchstiere an, wird schnell deutlich, dass für Tierversuche bei weitem mehr Gelder aufgewendet werden als für die Ersatzmethoden. So betragen die Baukosten für das neue Tierhaus am Max-Delbrück-Centrum für Molekulare Medizin (MDC) in der Helmholtz-Gemeinschaft, Berlin-Buch rund 24 Mio. Euro, von denen der Bund 90 Prozent trägt.[150]

In den USA erfolgt die Forschung an Multi-Organ-Chips auf deutlich besserer finanzieller Grundlage: So hat der Schweizer Milliardär und Harvard-Absolvent Hansjörg Wyss 250 Millionen Dollar in die Gründung des Wyss Instituts der Harvard Universität in Cambridge gesteckt – die größte Spende einer Privatperson an die Elite-Uni. Hinzu kommen Gelder seitens des Militärs und der staatlichen Behörden.[151]

---

149 Vgl. Bundestags-Drucksache 18/10778: Antwort der Bundesregierung auf die Kleine Anfrage der Abgeordneten Birgit Menz, Eva Bulling-Schröter, Caren Lay, weiterer Abgeordneter und der Fraktion DIE LINKE (Drucksache 18/10643). Die von der Bundesregierung für die Förderung von Ersatzmethoden zum Tierversuch im Jahr 2017 zur Verfügung gestellte Summe bezieht sich auf Einzelplan 30, Kapitel 3004, Titel 68531.
150 Vgl. https://insights.mdc-berlin.de/de/2015/02/baubeginn-fuer-neues-tierhaus-am-mdc/ (19.05.2017). Die Ärzte gegen Tierversuche e. V. machen (in: Woran soll man denn sonst testen?, 2016, S. 7) außerdem geltend, dass der Deutschen Forschungsgemeinschaft (DFG), die in großem Maße Tierversuche im Hochschulbereich finanziere, jährlich ein Etat von rund 2,8 Mia. Euro größtenteils aus der Staatskasse zur Verfügung stehe (vgl. DFG-Jahresbericht 2014, S. 201-202).
151 Vgl. https://wyss.harvard.edu/technology/human-organs-on-chips/; http://wyssfoundation.org/forbes-recognizes-hansjorg-wyss-as-one-of-americas-top-10-givers-of-2015-for-second-consecutive-year/; http://sz-magazin.sueddeutsche.de/texte/anzeigen/44162/Der-Mensch-auf-einem-Chip (jeweils 19.05.2017). Für das US-Militär sind die Multi-Organ-Chips insofern von Interesse, als sie auch in Kriegsgebieten eingesetzt werden können: als passives Kampfmittel, um die Atemluft oder das Trinkwasser auf Vergiftungen zu untersuchen. Oder als aktives, indem etwa Nervengase entwickelt werden, die nur bestimmte Völker schädigen.

Beschleunigung und Vereinheitlichung der Zulassung von Alternativmethoden

Der Einsatz von tierversuchsfreien Alternativmethoden wird nicht nur durch mangelnde Finanzierung ausgebremst, sondern auch durch lange Zulassungsverfahren. So dürfte nach dem jetzigen Stand der Dinge die offizielle Anerkennung eines Multi-Organ-Chips rund ein Jahrzehnt dauern. Da sich die Multi-Organ-Chips voneinander unterscheiden, dürften sich die die notwendigen Anerkennungsverfahren über Jahrzehnte hinziehen. Dieser Vorgang müsste deutlich beschleunigt werden.

In Zukunft muss der Tierversuch als Maßstab für die Zulassung von Alternativmethoden ergänzt, wenn nicht ganz abgelöst werden. Tierversuche können schon deshalb nicht als Maß aller Dinge angesehen werden, weil sie - wie beispielsweise der Draize-Test - selbst nicht die verlangten Kriterien einhalten. Im Hinblick auf ein ausgefeilteres Zulassungsverfahren ist die Zusammenarbeit mit ausländischen Zulassungsbehörden wie der US Food and Drug Administration (FDA) unerlässlich. Darüber hinaus müssen die Zulassungsverfahren weltweit vereinheitlicht werden, um eine weltweite Verbreitung von Alternativmethoden zu ermöglichen.[152]

Strategie beim Ausstieg aus den Tierversuchen erforderlich

Wenn der Ausstieg aus den Tierversuchen in absehbarer Zeit gelingen soll, bedarf es einer durchdachten Strategie. Vorbild können die Niederlande sein, die sich bisher nicht als Vorreiterin hervorgetan haben. Der niederländische Agrarminister Martijn van Dam will dies jedoch ändern und strebt eine weltweit führende Rolle seines Landes beim Ausstieg aus den Tierversuchen an - und zwar bis zum Jahr 2025. Vor diesem Hintergrund hatte er dem „Nationalen Komitee zum Schutz von für wissenschaftliche Zwecke genutzten Tieren" (Nationaal

---

152 Zur Vereinheitlichung und Verkürzung der Zulassungsverfahren siehe Uwe Marx et al., Biology-Inspired Microphysiological System Approaches to Solve the Prediction Dilemma of Substance Testing, Altex 33/3 (2016), S. 272-321.

Comité advies dierproevenbeleid; NCad) aufgetragen, einen Fahrplan zum Ausstieg aus der tierexperimentellen Forschung zu erarbeiten. Im Dezember 2016 erschien ein Strategiepapier, das für unterschiedliche Forschungsbereiche konkrete Zeitschienen und Maßnahmen aufzeigt, Wege ohne oder zumindest mit deutlich weniger Tierversuchen zu gehen. Die ethische Bewertung von Tierversuchen spielt dabei eine zentrale Rolle.

Den Verfasserinnen und Verfassern des Strategiepapiers ist bewusst, dass es sich bei den Tierversuchen um eine komplexe Materie handelt. Dementsprechend unterscheiden sie bei der Zielsetzung und den notwendigen Handlungen nach Bereichen: Für die gesetzlich vorgeschriebenen Sicherheitsprüfungen von Chemikalien, Pestiziden, Nahrungsinhaltsstoffen und Human- und Tierarzneimittel, ebenso wie für biologische Stoffe wie Impfstoffe, könne dem Bericht zufolge bis 2025 vollständig auf Tierversuche verzichtet werden, ohne den Sicherheitsstandard zu gefährden. In der Grundlagenforschung und angewandten Forschung seien jedoch Tierversuche auf absehbare Zeit noch notwendig, weshalb hier ein stufenweiser Ausstieg vorgesehen ist. Auch in der Ausbildung und Lehre sei die Verwendung von Tieren weiterhin unumgänglich, jedoch sei sie zu minimieren. Im Wesentlichen geht es den Verfasserinnen und Verfassern des Strategiepapiers um einen Paradigmenwechsel, weg von den Tierversuchen hin zu den Ersatzmethoden.[153]

Produktverantwortung seitens der Hersteller hilft kurzfristig Tierversuche vermeiden

Eine durchdachte Strategie bedarf einer gewissen Vorlaufzeit und ist nicht von heute auf morgen erstellt. Daher muss nach Wegen gesucht werden, kurzfristig mit einfachen Mitteln die Zahl der Tierversuche zu reduzieren. An erster Stelle sind dabei die

---

153 Vgl. https://www.aerzte-gegen-tierversuche.de/de/projekte/ stellungnahmen/2321-stellungnahme-zum-strategiepapier-der-niederlande-fuehrend-bei-der-tierversuchsfreien-forschung-zu-werden. Das Strategiepapier kann unter https://www.ncadierproevenbeleid.nl/documenten/ rapport/2016/12/15/ncad-opinion-transition-to-non-animal-research heruntergeladen werden (19.05.2017).

Hersteller gefragt: Es müssen nicht ständig neue Produkte auf den Markt gebracht werden, wenn sich bereits einige gut bewährt haben. Auch können die Hersteller Tierversuche und damit auch Kosten und Zeit vermeiden, indem sie Testergebnisse aus anderen Versuchen verwenden und auf ihr Produkt bzw. die Inhaltsstoffe übertragen. Dies gilt umso mehr als sich die Inhaltsstoffe vieler Produkte ähneln und Neuheiten eher der Ankurbelung des Absatzes als praktischen Erfordernissen dienen.[154]

Entwicklung von Alternativmethoden am Beispiel der Phototoxizität

Sonnenstrahlen schädigen die ungeschützte Haut. Sie können aber auch Substanzen, die über Tabletten aufgenommen oder auf die Haut aufgetragen werden, chemisch so verändern , dass sie eine toxische (= giftige) Wirkung entfalten. Dieser Vorgang wird „Phototoxizität" genannt. Am Beispiel der Phototoxizität lässt sich gut die Entwicklung von Alternativmethoden nachvollziehen.

Tierversuch
Die zu testende Chemikalie wird auf den Rücken rasierter Mäuse oder Meerschweinchen aufgetragen und mit UV-Licht bestrahlt. Die Tiere werden für mehrere Tage in Käfigen gehalten und es wird geprüft, ob Schwellungen und Entzündungen auftreten.

Alternativmethode
Das am meisten genutzte und anerkannte In-vitro-Testverfahren zur Bestimmung der Phototoxizität ist der sogenannte „3T3 Neutral Red Uptake Phototoxicity Assay". Dieser Test beruht auf dem Prinzip, dass Mausfibroblasten

---

[154] Vgl. Haushaltsprodukte: Tierversuche und tierversuchsfreie Verfahren in der Übersicht, tierrechte 3/2015, S. 7; Fast 300 „Versuchstiere" für ein Badezimmer-Spray, tierrechte 3/2015, S. 10-11 (http://www.tierrechte.de/images/stories/Presse_und_Magazin_Tierrechte/Magazin_3-15.pdf; 19.05.2017).

der Zelllinie BALB/c 3T3 nach Zugabe einer schädigenden Substanz und UV-Licht-Bestrahlung nicht mehr in der Lage sind, einen roten Farbstoff (Neutralrot) aufzunehmen.

Verbesserte Alternativmethode
Statt der Mausfibroblasten wird ein Modell einer vollständig ausgebildeten menschlichen Oberhaut verwendet. Auf das Hautmodell wird eine Testsubstanz geträufelt und anschließend mit einer definierten, nicht toxischen UV-Strahlendosis bestrahlt. Danach wird unter dem Mikroskop untersucht, ob die Hautzellen noch leben oder geschädigt wurden. Nur in lebenden Zellen wird die Testsubstanz zu einem farbigen Produkt umgewandelt. Das Ausmaß der Schädigung wird durch einen Vergleich mit einem Hautmodell ermittelt, das zwar mit der Testsubstanz beträufelt, aber nicht bestrahlt wurde. Wurde die Haut mehr als 30% beschädigt, wird die Testsubstanz als phototoxisch eingestuft. Das dreidimensionale Hautmodell kommt der Situation im lebenden menschlichen Organismus weit näher als ein einfaches, aus einer Schicht bestehendes Modell aus Mausfibroblasten.

Der Mensch auf einem Chip

Mit einer menschlichen Zellkultur im Reagenzglas lassen sich die komplexen Wechselwirkungen im menschlichen Organismus nicht simulieren. Und anhand eines Tieres lassen sich zwar komplexe Wechselwirkungen im Organismus untersuchen, jedoch ist dieser tierisch und nicht menschlich. Damit lassen sich Ergebnisse nur begrenzt auf den Menschen übertragen. Aus dieser Problemlage entstand die Idee, einen menschlichen Organismus auf einem Chip zu simulieren, um damit die Wirkung von Medikamenten und Chemikalien zu untersuchen. Zu den Pionieren bei der

Entwicklung eines solchen „human-on-a-chip" gehört das Berliner Unternehmen TissUse GmbH.

Die Entwicklung eines Menschen auf dem Chip soll 2018 umgesetzt werden. Derzeit werden die für das Hauptziel notwendigen Zwischenschritte umgesetzt. Im Jahr 2012 hat das Forscherteam um Uwe Marx den ersten Doppel-Organ-Chip präsentiert, 2014 wurde der erste Vier-Organ-Chip fertiggestellt. Immer mehr Organe werden miteinander kombiniert, wobei für die Simulation eines ganzen Menschen die Kombination von zehn oder elf Organen erforderlich ist.

Im realen Organismus durchläuft ein Stoff den Körper. Nachdem die Substanz über den Mund in den Körper gelangt und durch die Magen- bzw. Darmschleimhaut aufgenommen worden ist, wandert sie über das Pfortadersystem in die Leber und wird hier verstoffwechselt. Ein Teil wird wieder ausgeschieden, erreicht also nie das Zielorgan. Der „Rest" gelangt über die Lebervene wieder in den Blutkreislauf und wird weitertransportiert. Die Leber nimmt im menschlichen Körper eine besondere Rolle ein, weil sie eine Substanz entgiften oder aber erst giftig machen kann. Diesen Stoffkreislauf und die Wirkung einer Substanz gilt es mittels der Multi-Organ-Chips zu simulieren.

Die Multi-Organ-Chips haben die Größe eines kleinen Smartphones. Sie bestehen aus einer Plexiglasplatte mit einer dünnen Silikonschicht und einer Adapterplatte, auf der Behälter installiert sind. Bei diesen Behältern handelt es sich um sogenannte Bioreaktoren, in denen beispielsweise menschliche Organ-Zellen kultiviert und zu Mini-Organen herangezüchtet werden. Diese sind hunderttausendfach verkleinert, also nicht mit bloßem Auge, sondern nur unter dem Mikroskop zu erkennen. Diese winzigen dreidimensionalen Organmodelle sind über einen künstlichen Kreislauf in der Silikonschicht miteinander verbunden. In haarfeinen Schläuchen fließt eine blutähnliche Nährstofflösung, angetrieben durch eine Pumpe, die hier die

Aufgabe des Herzens übernimmt. An der Unterseite der Plexiglasplatte ist eine batteriebetriebene Heizung angebracht, die das Organmodell bei konstanten 37 Grad Celsius hält. Das Vier-Organ-Modell enthält im Miniaturformat Darm, Leber, Haut und Niere. Bei einem Doppel-Organ-Chip können verschiedene Organe - zusätzlich zu den genannten vier Organen auch Haar und Gehirn - miteinander kombiniert werden, wobei die Leber wegen ihrer besonderen Bedeutung beim Stoffwechsel besonders häufig verwendet wird.

Die Herausforderung besteht darin, den künstlichen menschlichen Organismus bis ins Detail dem echten anzupassen. Dazu gehört auch, dass die Mini-Organe dem gleichen mechanischen Stress ausgesetzt werden: Beim Darm beispielsweise sind es die peristaltischen Bewegungen (= rhythmische Kontraktionswellen des Hohlorgans), bei der Haut ist es die Schuppung und beim Knochen die Last des Körpergewichts. Es hat das Forscherteam einige Mühen gekostet, die Zusammensetzung der Nährstofflösung dem Blut anzugleichen. In Zukunft sollen echte Blutgefäße die Multi-Organ-Chips durchziehen. Pionierarbeit leistet hier Heike Walles vom Stuttgarter Fraunhofer-Institut für Grenzflächen- und Bioverfahrenstechnik. Der Wissenschaftlerin ist es bereits gelungen, ein Gerüst mit Endothelzellen zu besiedeln. Solche Zellen bilden die innere Wandschicht in Blutgefäßen. In einem nächsten Schritt müssen noch Kapillaren in die Gewebe hineinsprießen. So könnte statt dem Nährmedium in Zukunft Blut fließen, gebildet durch Knochenmarkzellen in einem Multi-Organ-Chip.[155]

---

155 Vgl. https://www.tissuse.com; http://sz-magazin.sueddeutsche.de/texte/anzeigen/44162/Der-Mensch-auf-einem-Chip; https://www.bmbf.de/de/multi-organ-chip-soll-medikamenten-tests-sicherer-machen-2501.html; http://www.biotechnologie.de/BIO/Navigation/DE/root,did=179124.html; http://www.invitrojobs.com/index.php/de/forschung-methoden/arbeitsgruppe-im-portrait/item/1668-arbeitsgruppe-im-portrait-tissuse-gmbh; http://www.laborpraxis.vogel.de/bioanalytik-pharmaanalytik/articles/489015/ (19.05.2017); außerdem mündliche Aussagen von Reyk Horland.

Zulassung neuer Testmethoden für Impfstoffe - europaweit geregelt

Impfstoffe für Mensch und Tier müssen wirksam und sicher sein. Im Europäischen Arzneibuch ist festgeschrieben, auf welche Weise Impfstoffe experimentell, d.h. mit Labormethoden und Tierversuchen zu prüfen sind. Nach wie vor sind für viele experimentelle Prüfungen Tierversuche vorgeschrieben – so auch für die Sicherheitsprüfung (Toxizitätsprüfung) von Tollwut- und Tetanusimpfstoffen. Bevor eine neue Testmethode in das Europäische Arzneibuch aufgenommen werden kann und damit verbindlich wird, muss sie sich in einem europäischen Ringversuch bewähren. Die offizielle Anerkennung erfolgt also auf europäischer Ebene. Da das Europäische Arzneibuch für den gesamten Europäischen Rat und nicht nur für die Europäische Union (EU) maßgeblich ist, kann die Frage nach einem grundsätzlichen Verbot von Tierversuchen derzeit nicht in einem nationalen Alleingang oder auf Ebene der EU, sondern nur auf gesamteuropäischer Ebene entschieden werden.

Impfungen zur Verhütung und Bekämpfung von Infektionskrankheiten

Die Impfung stellt eine wichtige Maßnahme zur Verhütung und Bekämpfung von Infektionskrankheiten dar. Bis in das 20. Jahrhundert hinein waren in Deutschland und auch weltweit die Todesursache Nummer 1. Viermal trat die Influenza (Virusgrippe) in einer weltweiten Epidemie auf, einer sogenannten Pandemie, und forderte zig Millionen Todesopfer. Zum Ende des 20. Jahrhunderts stand in erster Linie die durch HIV (Human Immunodeficiency Virus) verursachte Immunschwächekrankheit AIDS (Acquired Immune Deficiency Syndrome) im Blickpunkt der Öffentlichkeit. Anfang des 21. Jahrhunderts sind nach Angaben der Weltgesundheitsorganisation Infektionskrankheiten nach

Krankheiten des Herz- und Gefäßsystems die zweithäufigste Todesursache weltweit.

Infektionskrankheiten entstehen durch eine Infektion, d. h. durch die Übertragung und das Eindringen von Mikroorganismen (Bakterien, Viren, Pilze oder Parasiten) in den menschlichen Körper und die Reaktion des menschlichen Körpers. Infektionskrankheiten sind z. B. eine einfache Erkältung in der kühleren Jahreszeit, Durchfallerkrankungen während des Urlaubs in südlichen Ländern, Kinderkrankheiten wie Masern, Röteln oder Windpocken und weitere Krankheiten wie Diphtherie, AIDS und Hepatitis.

Infektionskrankheiten unterscheiden sich von anderen Krankheiten durch zwei Merkmale: die Übertragbarkeit und die Auseinandersetzung zwischen zwei Lebewesen, dem Menschen und dem Krankheitserreger. Da die meisten Infektionskrankheiten durch eine Ansteckung von Mensch zu Mensch ausgelöst werden, begünstigt das Zusammenleben von Menschen die Verbreitung von Infektionskrankheiten.[156]

Das Immunsystem

Der menschliche Organismus verfügt über ein gut funktionierendes, aber ausgesprochen komplexes System, um sich vor Infektionskrankheiten zu schützen: das Immunsystem. Dabei unterscheidet man ein unspezifisches, angeborenes von einem spezifischen, erworbenen - und lernfähigen - Abwehrsystem.

Ein unspezifisches Abwehrsystem haben nicht nur die Menschen, sondern auch die Tiere. Grundlage der unspezifischen Abwehr sind die körperlichen Grenzflächen: Haut und Schleimhäute. An diesen natürlichen Barrieren gebildete Sekrete wie beispielsweise Talg, Tränen, Speichel und Magensäure gehören zu den wirkungsvollsten Abwehrwaffen des menschlichen Körpers. Werden diese Schranken durchbrochen und tritt ein als fremd erkannter Mikroorganismus in den Körper ein, kommt es zu einer ersten Abwehrreaktion des Körpers, einer akuten Entzündung.[157]

---

156   Vgl. Fritz Beske, Dirk Ralfs: Die aktive Schutzimpfung in Deutschland: Stand - Defizite - Möglichkeiten, Kiel 2003, S. 24-26.
157   Vgl. Volker Klippert, Ulrike Röper, Roland Riedl-Seifert: Impfschutz: Basis, Praxis, Recht, München 2006, S. 6-8.

Die Entzündungsreaktion geht vom Blutgefäßbindegewebe des geschädigten Organs oder Gewebes aus. Unterstützt durch die verstärkte Durchblutung des Gewebes, wandern weiße Blutkörperchen, sogenannte Leukozyten, in das Wundgebiet ein und beginnen umgehend mit der Vernichtung von Eindringlingen und zerstörtem Zellgewebe. Die Hauptrolle bei diesem spezifischen Abwehrsystem spielt eine Untergruppe der weißen Blutkörperchen (oder: weißen Blutzellen) - die Lymphozyten. Je nach Erreger werden unterschiedliche Zellen des Abwehrsystems aktiviert, die gezielt gegen den Erreger vorgehen: Die T-Zelle ist eine Wächterzelle. Sie wartet auf einen Eindringling und krallt sich an ihm fest. Die B-Zelle bildet passende Antikörper gegen den Eindringling und die Makrophage frisst ihn auf. So wird der Eindringling aktiviert und zerstört. Einige Lymphozyten, sogenannte Gedächtniszellen, können sich die Beschaffenheit der Erreger merken. Sie bilden den körpereigenen Immunschutz und sorgen dafür, dass man an bestimmten Krankheiten nur einmal im Leben oder nur in größeren Zeitabständen erkranken kann.[158]

Die aktive und passive Schutzimpfung

Es gibt aktive und passive Schutzimpfungen: Während die aktive Schutzimpfung als ein grundsätzlicher und auf Dauer angelegter Schutz gedacht ist, wird die passive Schutzimpfung nur bei kranken Personen mit einem schwachen Immunsystem angewendet und soll meist eine nur kurzzeitig andauernde Schutzfunktion erzeugen.

Bei der aktiven Schutzimpfung soll das Immunsystem des Körpers gegen eindringende Infektionserreger gestärkt werden, um eine Erkrankung zu verhindern. Dem Immunsystem werden Krankheitserreger oder Bestandteile von Krankheitserregern angeboten, die in ihrer krankmachenden Wirkung verändert wurden. Sie sind entweder abgetötet (= Totimpfstoffe) oder abgeschwächt (= Lebendimpfstoffe). Die geimpfte Person erkrankt nicht, aber das Immunsystem wird angeregt, gegen die Infektion gerichtete Antikörper zu bilden. Dringt ein Infektionserreger in

---

158 Vgl. http://www.ngfn.de/index.php/infektionen_entz_ndungen.html; http://www.netdoktor.de/laborwerte/leukozyten/; http://www.medizin-fuer-kids.de/bibliothek/koerperfunktionen/immunsystem.htm (jeweils 19.05.2017).

den Körper ein, kann dann das Immunsystem den Erreger sofort bekämpfen, so dass die Infektionskrankheit gar nicht erst ausbricht.

Die Zulassung von Impfstoffen

Impfstoffe werden nach Bedarf in größeren Mengen, den sogenannten Chargen, produziert. Dazu besitzen Impfstoffhersteller bestimmte Erregerstämme, die besonders genau charakterisiert sind und oftmals biologische Besonderheiten aufweisen, die sie wertvoll machen, z. B. die Fähigkeit, die Bildung von bestimmten Antikörpern im Organismus anzuregen. Für die einzelnen Schritte der Chargenproduktion müssen die Hersteller genau festgelegte, standardisierte Verfahren verwenden, die regelmäßigen inner- und außerbetrieblichen Qualitätskontrollen unterzogen werden.

Bevor eine Impfstoff-Charge freigegeben wird, muss getestet werden, ob sie sicher, verträglich und wirksam ist. In Deutschland ist die nationale Zulassungsbehörde das Paul-Ehrlich-Institut, Bundesinstitut für Impfstoffe und biomedizinische Arzneimittel (PEI). Da heute praktisch kein Impfstoff mehr ausschließlich für den deutschen Markt produziert wird, werden die Zulassungen neuer Impfstoffe heute meist auf europäischer Ebene bei der European Agency for the Evaluation of Medicinal Products (EMEA) beantragt. Die nationale Zulassung kann auch der erste Schritt der gegenseitigen Anerkennung im Multistaatenverfahren sein.[159]

Das Europäische Arzneibuch

Im Europäischen Arzneibuch - Pharmacopoea Europaea (Abkürzung: Ph. Eur.), in der Schweiz als Europäische Pharmakopöe bezeichnet - ist festgeschrieben, auf welche Weise Impfstoffe (und Arzneimittel allgemein) mit Labormethoden und Tierversuchen zu

---

[159] Vgl. Ulrich Heininger: Impfratgeber - Impfempfehlungen für Kinder, Jugendliche und Erwachsene, Bremen, 5., vollst. aktual. Aufl. 2009, S. 34-35; Michael Schwanig, Die Zulassung von Impfstoffen, Bundesgesundheitsblatt - Gesundheitsforschung - Gesundheitsschutz 45 (2002), S. 338-343; Michael Pfleiderer, Ole Wichmann: Von der Zulassung von Impfstoffen zur Empfehlung durch die Ständige Impfkommission in Deutschland, Bundesgesundheitsblatt - Gesundheitsforschung - Gesundheitsschutz 58 (2015), 263-273.

prüfen sind. Die Grundlage für das Europäische Arzneibuch wurde 1964 gelegt, als acht Mitgliedsstaaten des Europarates, dessen Ziel unter anderem die Verbesserung der Lebensqualität in Europa ist, ein „Übereinkommen über die Ausarbeitung eines Europäischen Arzneibuchs" getroffen haben. Nachdem alle Vertragsstaaten das Abkommen ratifiziert hatten, trat es am 08. Mai 1974 in Kraft. Seit Inkrafttreten des Übereinkommens war es auch für andere Mitgliedsstaaten des Europarates sowie für europäische Nichtmitgliedsstaaten möglich, dem Abkommen beizutreten. Bis heute haben 38 Staaten sowie die Europäische Union den Vertrag unterzeichnet. Neben den Mitgliedsstaaten gibt es noch 29 sogenannte Beobachter (darunter die Weltgesundheitsorganisation WHO), die an der wissenschaftlichen Arbeit teilnehmen können, aber bei Entscheidungen über kein Stimmrecht verfügen. Einige dieser Staaten haben das Europäische Arzneibuch komplett oder in Teilen in ihre nationale Gesetzgebung integriert (z. B. Kanada, Australien, Marokko, Tunesien, Senegal). Die Erarbeitung des Europäischen Arzneibuches obliegt dem Gesundheitsausschuss des Europarates und der von diesem eingerichteten Europäischen Arzneibuch-Kommission.

Mit dem Europäischen Arzneibuch verloren die nationalen Arzneibücher ihre Bedeutung. Die europaweite Regelung erleichtert den Warenverkehr von Arzneimitteln samt Impfstoffen in Europa und sichert deren Qualität, wenn sie in außereuropäische Länder exportiert werden. Um einen weltweiten Handel und weltweit einheitliche Qualitätsstandards zu ermöglichen, wird seit 1990 eine Harmonisierung mit den beiden anderen am weitesten verbreiteten Arzneibüchern, der United States Pharmacopoeia und dem Japanischen Arzneibuch, angestrebt.[160]

Die Zulassung von Impfstoffen ist in ein internationales Geflecht eingebunden, an dem das Paul-Ehrlich-Institut als deutsche nationale Zulassungsbehörde für Impfstoffe maßgeblich beteiligt ist. Wegen der unterschiedlichen Impftradition der Mitgliedsländer sind gelegentlich Kompromisse notwendig oder die freie Entscheidung der nationalen Zulassungsbehörde

---

160 Vgl. Susanne Kopec: Trimebutin, Adenosin, Glutathion und Aminosäuren – Beispiele für Reinheitsanalytik für das Europäische Arzneibuch, Diss., Würzburg 2008; https://www.edqm.eu/ (19.05.2017).

wird eingeschränkt.[161] Das muss bei der Frage, ob Tierversuche verboten werden sollen, beachtet werden. Ein Austritt aus dem „Übereinkommen über die Ausarbeitung eines Europäischen Arzneibuchs" ist wohl kaum sinnvoll und realistisch, denn Deutschland ist intensiv in den weltweiten Handel eingebunden. Allerdings kann das Paul-Ehrlich-Institut durch intensive Gremienarbeit dazu beitragen, dass die Tierversuche nach und nach ersetzt werden. Auch sind alle EU-Staaten angehalten darauf hinzuwirken, dass die Bestimmungen der Tierversuchsrichtlinie (2010/63/EU) umgesetzt werden. Angesichts der großen Bedeutung des Gesundheitsschutzes werden sich Tierversuche nur dann ersetzen lassen, wenn gleichwertige tierversuchsfreie Alternativmethoden entwickelt werden. Dies ist ein langer Prozess, der auf europaweiter Ebene stattfindet, wie das Beispiel der Entwicklung alternativer Testverfahren bei Tollwut- und Tetanus-Impfstoffen zeigt.

Die Verfeinerung und Reduzierung der Tierversuche beim Test von Tollwut-Impfstoffen

In einem Labor des Paul-Ehrlich-Instituts werden alle Chargen des Tollwut-Impfstoffes für Menschen und fast alle für Tiere in Europa geprüft. Bei der Verbesserung und Reduzierung der obligatorischen Tierversuche ist man schon weit gekommen: Die Veterinärimpfstoffe werden inzwischen nur noch serologisch geprüft. Das heißt, die Mäuse werden geimpft und nach zwei Wochen wird der Antikörpertiter im Blut bestimmt. Liegt der ermittelte Titer deutlich über dem internationalen Standard, der zuvor auf die Mindestwirksamkeit eingestellt worden ist, darf der Impfstoff eingesetzt werden. Etwa zehn Jahre prüfungsbegleitender Forschung und Gremienarbeit beim Europäischen Direktorat für die Qualität von Medizinprodukten (European Directorate for the Quality of Medicines; EDQM) waren notwendig, bis der Serumneutralisationstest für die Chargenprüfung von Tollwutimpfstoffen für Tiere im Europäischen Arzneibuch 2013

---

161   Michael Schwanig, Die Zulassung von Impfstoffen, Bundesgesundheitsblatt - Gesundheitsforschung - Gesundheitsschutz 45 (2002), S. 338-343.

verbindlich festgeschrieben war. Die meisten Hersteller sind dabei, auf den neuen Test umzustellen.

Die Tollwut-Impfstoffe für Menschen werden nach wie vor mit dem belastenden Infektionsversuch NIH-Test geprüft. Dafür werden Mäuse mit verschiedenen Verdünnungen des zu testenden Impfstoffes bzw. eines Standards geimpft und nach zwei Wochen mit Tollwut infiziert. Anhand der Überlebensrate im Vergleich zum Standard wird ermittelt, wie wirksam der Impfstoff ist. Für diesen Test sind 136 Mäuse notwendig; für den deutlich weniger belastenden serologischen Test sind es 20.[162]

Eine neue tierversuchsfreie Testmethode für Tetanusimpfstoffe im Ringversuch

Gegenwärtig sind für die Sicherheitsprüfung von Tetanusimpfstoffen Tierversuche vorgeschrieben. Für diese Impfstoffe wird aus dem Toxin (= Gift) des Bakteriums Clostridium tetani durch chemische Inaktivierung ein ungefährliches Toxoid (= entgiftetes Toxin) hergestellt, das als Impfstoff verabreicht wird und die Immunantwort auslöst. Dabei muss sichergestellt sein, dass im Impfstoff selbst kein aktives Tetanus-Neurotoxin mehr vorhanden ist. Derzeit wird anhand von Meerschweinchen überprüft, ob die Toxoide ausreichend deaktiviert wurden. Ist dies nicht der Fall, so erkranken die Versuchstiere an Tetanus.

Nun haben Wissenschaftlerinnen des Paul-Ehrlich-Instituts eine kombinierte In-vitro-Testmethode entwickelt, mit dem es möglich ist, zwischen giftigem Tetanus-Neurotoxin und ungiftigem Toxoid zu unterscheiden. Inzwischen konnte die Arbeitsgruppe zeigen, dass die Methode für verschiedene zugelassene Tetanusimpfstoffe anwendbar ist und die Nachweisgrenze für das Neurotoxin der geschätzten Nachweisgrenze des Tierversuchs entspricht. Zudem wurde die Übertragbarkeit des Testsystems in einer internationalen Studie durch Anwendung der Methode in verschiedenen Laboren

---

162   Vgl. Veterinärmedizin: Tollwutimpfstoffe und Software für Tiere. Die Bestimmung des Titers gibt Auskunft darüber, ob und wie viele Antikörper gegen bestimmte Krankheitserreger vorhanden sind. Der Titer ist also ein Maß für die Immunität des Körpers gegen eine bestimmte Krankheit nach einer vorausgegangenen Impfung.

nachgewiesen. Bevor jedoch eine neue Testmethode in das Europäische Arzneibuch aufgenommen werden kann und damit verbindlich wird, muss sie sich in einem europäischen Ringversuch bewähren. Dabei wenden Kontrolllabore und Impfstoffhersteller aus 14 verschiedenen europäischen und außereuropäischen Ländern die neue Methode auf standardisierte Proben an und ermitteln die Zuverlässigkeit der Methode. Nach erfolgreichem Ringversuch könnte der Test in das Europäische Arzneibuch aufgenommen werden und den bisher gesetzlich vorgeschriebenen Tierversuch ersetzen.[163]

Vermeidung von Tierversuchen durch Impfverzicht

Angesichts des langen und mühsamen Weges, Alternativmethoden anzuerkennen, liegt der Gedanke nahe, auf bestimmte Impfungen zu verzichten. Ein genereller Impfverzicht ist nicht sinnvoll, so dass nur ein teilweiser Impfverzicht infrage kommt. In der Regel gibt die Ständige Impfkommission (STIKO) am Robert Koch - Institut, deren Mitglieder vom Bundesministerium für Gesundheit im Benehmen mit den obersten Landesbehörden berufen werden, einmal jährlich Impfempfehlungen heraus. Im Jahr 2016 wurden bezüglich Tetanus eine Grundimmunisierung im Säuglingsalter und danach im Abstand von etwa zehn Jahren Auffrischungsimpfungen empfohlen. Gegen Tollwut sollten sich insbesondere Personen impfen lassen, die bei der Arbeit oder auf Reisen mit tollwütigen Tieren in Kontakt kommen können oder im Labor mit Tollwutviren zu tun haben. Auf die Tetanus- und Tollwut-Impfungen kann also - mindestens bei bestimmten Personengruppen - nicht verzichtet werden.[164] Tierversuche sollten also bei diesen beiden Infektionskrankheiten nicht durch Impfverzicht vermieden werden.

---

163 http://www.pei.de/DE/infos/presse/pressemitteilungen/2016/03-europaeischer-ringversuch-tierversuchs-ersatzmethode-tetanusimpfstoffe.html?nn=3266216 (19.05.2017). Die neue In-vitro-Testmethode wird als „BINACLE" (BINding And CLEvage) bezeichnet.
164 Vgl. http://www.rki.de/DE/Content/Kommissionen/STIKO/Empfehlungen/Impfempfehlungen_node.html (19.05.2017); Philipp Lehrke u. a.: Impfverhalten und Impfeinstellungen bei Ärzten mit und ohne Zusatzbezeichnung Homöopathie, Monatsschrift Kinderheilkunde 152 (2004), 751-757.

Dass aber nicht jede Impfung oder Impfempfehlung unkritisch zu sehen ist, zeigt das Beispiel Impfung gegen die Schweinegrippe (Influenza H1N1), die im Herbst 2009 öffentlich empfohlen wurde. Hysterisch wurde vor einer Masseninfektion gewarnt, die schließlich nicht auftrat. Stattdessen verlief die Grippesaison glimpflich. Es kam der Verdacht auf, dass der Hersteller GlaxoSmith mit dem Impfstoff Pandemrix in erster Linie Geld verdienen wollte und dementsprechend die Politiker/innen, die Ständige Impfkommission und die öffentliche Meinung beeinflusste. Letztendlich ließ sich in Deutschland aber nur ein kleiner Prozentsatz der Bevölkerung impfen. Millionen von überflüssigen Impfdosen mussten als Sondermüll entsorgt werden. Leidtragende waren nicht nur die Steuerzahler/innen, sondern auch die Tiere, an denen der Impfstoff getestet worden war. Und zu allem Überfluss wiesen verschiedene europäische Studien bei Pandemrix-Geimpften auf ein erhöhtes Risiko hin, an Narkolepsie („Schlafsucht") zu erkranken.[165]

---

[165] Vgl. Klaus Hartmann: Impfen, bis der Arzt kommt, München 2012, S. 9-10.181-186; Ärzte gegen Tierversuche e. V., Liste von Risikomedikamenten, 2016; https://www.pei.de/DE/arzneimittelsicherheit-vigilanz/archiv-sicherheitsinformationen/narkolepsie/narkolepsie-studien-europa.html (19.05.2017).

Fischversuche zum Schutz der Fischbestände und zur Sicherung der Welternährung

Zu den eher harmlosen Tierversuchen gehören die Ernährungsversuche zum Schutz der Fischbestände, bei denen an Fischen getestet wird, inwieweit Fischmehl im Futter der Zuchtfische durch Alternativen ersetzt werden kann. Auf den ersten Blick sind diese unspektakulären Versuche keiner weiteren Rede wert. Bei genauerer Betrachtung sind sie aber in ökologischer und sozialer Hinsicht von großer Bedeutung. Auch lässt sich an ihnen gut studieren, wie komplex die Sachverhalte bei der Bewertung von Tierversuchen sind.

Ernährungsversuch für effektivere Fischzucht

Unter der Überschrift „Ernährungsversuche für effektivere Fisch-Massentierhaltung" führen die Ärzte gegen Tierversuche e. V. folgenden Tierversuch des Institutes für Tierproduktion in den Tropen und Subtropen der Universität Hohenheim, Stuttgart an:

„Junge Buntbarsche werden einzeln gehalten und in drei Gruppen eingeteilt. Jede Gruppe enthält unterschiedliches Futter, wobei Fischmehl jeweils mit Weizenmehl, Sojamehl oder dem Mehl aus einem Wolfsmilchgewächs gemischt wird. Die Tiere werden regelmäßig gewogen. Nach zwölf Wochen werden die Fische durch einen Schlag mit einer Metallstange auf den Kopf getötet. Für spätere Analysen der Körperzusammensetzung werden sie eingefroren."[166]

Als Bereich und Hintergrund des Tierversuches wird die Tierernährung angegeben. Um das in Aquakulturen zur Fütterung verwendete Fischmehl zu reduzieren und so die weltweiten

---

166 Zitiert aus Ärzte gegen Tierversuche e. V., Versuche an Fischen. Qualvoll und unwissenschaftlich, 2015.

Fischbestände zu schonen, werde getestet, inwieweit Buntbarsche mit einem Anteil Pflanzenmehl ernährt werden können."[167]

Um diesen Versuch verstehen und bewerten zu können, muss man sich die Hintergründe der Aquakulturen und der Futterproblematik vor Augen führen.

Aquakulturen auf dem Vormarsch

Weltweit stammen rund 17% des tierischen Proteins in der menschlichen Ernährung aus Fisch und Meeresfrüchten; für 2,9 Milliarden Menschen ist Fisch die wichtigste Quelle. Aufgrund des Wachstums und zunehmenden Fischhungers der Weltbevölkerung geraten die wildlebenden Fischbestände immer weiter unter Druck. Etwa die Hälfte der Fischbestände in den Meeren und Ozeanen gilt inzwischen als überfischt, d. h. sie können sich nicht erneuern. So müssen die verbliebenen Fische mit immer aufwändigeren Methoden gefangen werden. Zum einen weicht man von den küstennahen Gebieten in neue, weiter entfernt gelegene Meeresgebiete aus und fischt zunehmend in der Tiefe; zum anderen weicht man auf andere Fischarten aus und versucht sie den Konsumentinnen und Konsumenten schmackhaft zu machen. Bereits überfischte Bestände werden so lange befischt, bis sie zusammenbrechen. Dies ruiniert nicht nur die Umwelt, sondern auch die Fischereiwirtschaft, weil sich das Kosten-Nutzen-Verhältnis zunehmend verschlechtert. Die Leidtragenden sind in erster Linie die lokalen Fischerinnen und Fischern, die mit vergleichsweise kleinen Booten, einfachen Fangmethoden und räumlich begrenzten Fanggründen kaum noch in der Lage sind, ihr Einkommen zu sichern.

Ein Ausweg aus diesem Dilemma scheint der Aufbau von Aquakulturen zu sein. Bereits heute stammt die Hälfte von Fisch

---

[167] Vgl. Ärzte gegen Tierversuche e. V., Versuche an Fischen. Qualvoll und unwissenschaftlich, 2015. Die Versuchsbeschreibung und -auswertung befindet sich in Vikash Kumar et al., Growth performance and metabolic efficiency in Nile tilapia (Oreochromis niloticus L.) fed on a diet containing Jatropha platyphylla kernel meal as a protein source, Journal of Animal Physiology and Animal Nutrition 96 (2012), 37-46.

und Meeresfrüchten in der menschlichen Ernährung aus der Aquakultur. Von Aquakultur spricht man, wenn Wassertiere (insbesondere Fische) und Wasserpflanzen unter kontrollierten Bedingungen aufgezogen werden. Die Aufzucht kann in offenen Systemen (Teiche, Durchflussanlagen und Käfige im Meer) und in geschlossenen Systemen (Becken mit geschlossenem Wasserkreislaufsystem in Hallen) erfolgen. Mehr als die Hälfte der weltweiten Produkte aus Aquakulturen stammt aus der Volksrepublik China. Die Fischzucht hat hier eine Jahrtausende alte Tradition, die mit der Domestizierung des Karpfens begann. Ganz Asien produziert etwa 80 % der Aquakulturprodukte. Europa blickt ebenfalls auf eine lange Geschichte der Fischzucht zurück, man denke nur an die Karpfen in den Klosterteichen. Von 1970 bis 2000 wuchs der Bereich Fischzucht jährlich zwischen vier und fünf Prozent, danach zwischen einem und zwei Prozent. Die größten europäischen Produzenten von Zuchtfisch sind Norwegen, Spanien und Frankreich. Weltweit werden über 600 Tierarten in Aquakulturen gehalten, darunter etwa 150 Fischarten. In Europa werden vor allem Lachse, Regenbogenforellen, Aale und Karpfen produziert.[168]

Das Futterproblem

Fische benötigen Futter, das auf die jeweilige Art abgestimmt ist. Unter Zuchtbedingungen benötigen Fische für den Aufbau von Fleisch- und Muskelmasse Proteine (= Eiweiß). In der freien Natur nehmen Raubfische wie Lachse, Forellen und Zander diese durch den Verzehr anderer Fische zu sich. Karpfen sind zwar Allesfresser, fressen jedoch vorrangig kleine Würmer, Schnecken und Muscheln und decken so ihren Proteinbedarf. Ähnlich beim zur Familie der Buntbarsche gehörenden Tilapia und dem Wels. Beide sind zwar

---

168 Vgl. Die Zukunft der Fische - die Fischerei der Zukunft, World Ocean Review 2 (2013), S. 44-48.84 (im Internet aufrufbar unter http://worldoceanreview.com/wp-content/downloads/wor2/WOR2_gesamt.pdf; 19.05.2017); https://www.thuenen.de/index.php?id=3619&L=0 (19.05.2017), BUND Landesverband Bremen [Hrsg.], Aquakultur - eine gute Alternative?, 2013 (im Internet aufrufbar unter http://www.bund-bremen.net/fileadmin/bundgruppen/bcmslvbremen/Meeresschutz/Aquakultur/BUND_Aquakultur-Flyer.pdf, 19.05.2017).

in der freien Natur zu vielseitiger und wenig anspruchsvoller Ernährung in der Lage, verspeisen aber bei entsprechendem Angebot durchaus andere Fische, wobei der Wels darüber hinaus sogar auf kleine Säugetiere und Wasservögel aus ist. Sollen Fische gezüchtet werden, dann steht der Aufbau von Fleisch- und Muskelmasse im Vordergrund. Dafür brauchen alle Fische einen hohen Eiweißanteil im Futter. Insbesondere bei Lachsen wird Fischmehl und Fischöl zugefügt. Selbst anspruchslose Fischarten wie Karpfen, Tilapia und Wels erhalten etwas Fischmehl, weil dies das Wachstum fördert, was sich wiederum positiv auf die Wirtschaftlichkeit der Produktion auswirkt. Die gestiegene Nachfrage hat jedoch dazu geführt, dass der Preis in die Höhe ging. So kommt es, dass auf Fischmehl die höchsten Kosten bei der Futtermittelherstellung entfallen.

Neben den finanziellen Gründen sollte auch aus sozialen und ökologischen der Verbrauch an Fischmehl gesenkt werden. Fischmehl und Fischöl werden vor allem aus den vor Südamerika in großen Mengen vorkommenden Sardellen und Sardinen gewonnen. Aber auch in China, Marokko, Norwegen, Japan und anderen Nationen werden Fischmehl und Fischöl für den Eigenverbrauch und den Export hergestellt. Die Kleinfische sind zwar keine begehrten Speisefische in Europa, sind aber wichtige Nahrungsquelle der örtlichen Bevölkerung wie auch der Robben, Seehunde und Seevögel.[169]

Alternativen zum Fischmehl

Angesichts dieser schädlichen Auswirkungen der Fischmehlproduktion wird nach Möglichkeiten gesucht, das Fischmehl möglichst umwelt- und sozialverträglich herzustellen und außerdem den Fischmehlanteil am Futter zu reduzieren. Grundsätzlich müssen für Fischmehl nicht eigens Kleinfische gefangen werden, sondern es können auch Abfälle

---

169 Die Zukunft der Fische - die Fischerei der Zukunft, World Ocean Review 2 (2013), S. 90-94; http://www.aquakulturinfo.de/index.php/fischoel.html (19.05.2017); BUND Landesverband Bremen [Hrsg.], Aquakultur - eine gute Alternative?, 2013. Ausführlich zur peruanischen Fischmehlproduktion: Knut Henkel: Fischmehl - Problematisches Pulver, der überblick 2/40 (2004), 18-20.

der Fischverarbeitung genutzt werden. Diese sind allerdings mengenmäßig begrenzt. Daher muss zusätzlich versucht werden, die Fische verstärkt vegetarisch zu ernähren. Da es nicht artgerecht ist, aus Raubfischen Vegetarier zu machen, geht es nicht um einen vollständigen Ersatz von Fischmehl, sondern nur um eine Reduzierung des Anteils. Raubfische wie Lachs, Forelle und Zander benötigten Anfang des Jahrzehnts im Schnitt 1,5 bis 3 Kilogramm Wildfisch, um ein Kilogramm Körpermasse aufzubauen. Das sogenannte Fish-in/Fish-out-Verhältnis lag also für diese Fischarten im Schnitt bei 1,5 bis 3. Inzwischen hat sich das Verhältnis weiter verbessert. Ein Ansatz ist die Entwicklung eiweißreicher Nahrung aus Maden der Soldatenfliege. Tierisches Eiweiß hat im Vergleich zu pflanzlichem den Vorteil, dass es für Fische leichter verdaulich ist. Allerdings ist die Produktion nicht so problemlos wie anfangs angenommen und daher von der Menge her noch sehr begrenzt. Ein weiterer Ansatz ist der Zusatz von pflanzlichen Futterbestandteilen wie Raps, Soja, Erbsen, Bohnen, Mais und Weizen sowie bakteriell hergestellten Bioproteinen. Dabei bedarf es jedoch einer genau auf die jeweilige Fischart abgestimmten Mischung. Fischmehl hat einen Proteinanteil von etwa 60 Prozent, Raps dagegen bringt es beispielsweise nur auf 20 bis 25 Prozent. Die Forscher versuchen daher, Proteinextrakte herzustellen und die Menge verschiedener Proteine so zu variieren, dass die Nahrung besonders gut verdaulich ist und in Körpermasse umgesetzt wird und die Fische nicht etwa Durchfall bekommen.[170]

Beim in der Einleitung genannten Tierversuch stellte sich heraus, dass sich Jatrophakernmehl als Ersatz für Tiermehl eignet. Die Jatropha-Pflanze, die zu den Wolfsmilchgewächsen gehört, wächst in trockenen und halbtrockenen Gebieten der Tropen und Subtropen. Um bevölkerungsreiche subtropische Regionen ausreichend versorgen zu können, setzte der Tierversuch eine intensive Fischzucht voraus. Der Versuch sollte allerdings dazu beitragen, dass diese möglichst umwelt- und sozialverträglich gestaltet wird. Ein ähnlicher Versuch mit gleicher Zielsetzung wird derzeit unter der Bezeichnung FishForFood vom Thünen-Institut

---

170   Vgl. Die Zukunft der Fische - die Fischerei der Zukunft, World Ocean Review 2 (2013), S. 90-92; https://www.slowfood.de/w/files/slow_themen/dossier_aquakultur_stand_1_dezember_2014.pdf (19.05.2017).

für Fischereiökologie, Ahrensburg unter Leitung von Ulfert Focken durchgeführt. Statt der Art Jatropha platyphylla wird bei diesem Versuch die Art Jatropha curcas, also die Purgiernuss, verwendet. Der Versuch wird sowohl mit Tilapien als auch mit Karpfen durchgeführt. Es wird untersucht, ob es möglich ist, das Fischmehl in hohem Maße oder sogar vollständig durch Jatrophakernmehl zu ersetzen, ohne dass das Wachstum und Wohlbefinden der Fische nennenswert vermindert wird. Sollte der Versuch gelingen, bräuchte der Presskuchen, der ein Nebenprodukt der Biodiesel-Produktion und proteinhaltiger als beispielsweise Sojamehl ist, in Zukunft nicht mehr kompostiert oder verbrannt werden: Er könnte der Fischzucht und damit letztlich der menschlichen Ernährung dienen. Allerdings muss das Mehl vor der Verfütterung entgiftet werden. Das ist bei dem Mehl aus den Nusskernen der Art Jatropha platyphylla nicht der Fall. Allerdings könnten die Nusskerne dieser Art auch direkt von Menschen verspeist werden.[171]

Verzicht auf Aquakulturen als Lösung?

Den Ärzten gegen Tierversuche e. V. greift dieser Ansatz jedoch zu kurz. Es dürfe nicht sein, dass Fische für Versuche herhalten müssen, die einer effizienteren Gestaltung der Massentierhaltung dienen. Eine solche sei nämlich die intensive Fischzucht. Das Problem müsse von der Wurzel her angepackt werden.

Ein erster Schritt wäre die Verwendung von Zuchtfischen, die alles fressen oder sich vegetarisch ernähren. Damit bleibt aber das Problem der intensiven Fischzucht bestehen, die wegen der Fischmehlproduktion und dem Leiden der Tiere kritisiert wird; bedenklich ist daneben auch der Einsatz von Antibiotika, die Gewässerverschmutzung und die Bedrohung der wildlebenden Tiere durch ausgebrochene Verwandte. Verbraucher/innen

---

[171] Zu diesem Versuch siehe Carsten Krome, Kim Jauncey, Ulfert Focken: Jatropha curcas kernel meal as a replacement for fishmeal in practical Nile tilapia, Oreochromis niloticus feeds, AACL Bioflux 9/3 (2016), 590-596; siehe im Internet auch https://www.thuenen.de/index.php?id=3619&L=0 (19.05.2017).

müssten künftig die Fische als Delikatesse sehen, nicht als Massenware.[172]

Ob es sich bei der Aquakultur tatsächlich um Massentierhaltung im eigentlichen Sinn handelt, darüber lässt sich streiten. Einerseits werden viele Fische unter oftmals unnatürlichen Bedingungen auf engem Raum gehalten, andererseits gibt es Unterschiede zur Schweine- und Rindermast. Die Zuchtfische sind häufig Schwarmfische, die auch in natürlichen Lebensräumen örtlich eng begrenzt in Massen auftreten. Die Zuchtbedingungen sind zudem sehr unterschiedlich und es gibt Bestrebungen, die Aquakulturen nachhaltiger zu gestalten Vielfach ist die Fischzucht effizienter und umweltfreundlicher als die Schweine- und Rindermast. Das angepasste Futter soll zum Umweltschutz beitragen, denn es verbessert die Gesundheit der Fische und vermindert somit die Anwendung von Antibiotika. Da die Fische auch weniger Kot produzieren, werden die betroffenen Gewässer nicht ganz so stark verschmutzt.[173]

Wäre nun angesichts dieser Ergebnisse ein Verbot von Tierversuchen für die Verringerung des Fischmehlverbrauchs angemessen? Ein striktes Verbot könnte sicherlich dazu beitragen, das Bewusstsein für Bevölkerungspolitik, die Lebens- und Ernährungsweise und das Verhältnis zum Tier zu verbessern. Andererseits vollzieht sich ein solcher Wandel über einen längeren Zeitraum. Ein kurzfristiges Verbot könnte das Gegenteil bewirken. Drei Szenarien wären denkbar: Das erste Szenario wäre ein deutlich erhöhter Verbrauch an Fischmehl. Zwar müssten dann keine Fische mehr für Versuche leiden, doch würde an anderer Stelle das Leid vermehrt, weil die Versuche zur Verringerung des Fischmehlbedarfs wegfallen. Leidtragende wären in dem Fall die vielen Sardellen und Sardinen, die für die Fischmehlproduktion herhalten müssen, und auch die Robben, Seehunde und Seevögel,

---

172   Vgl. BUND Landesverband Bremen [Hrsg.], Aquakultur - eine gute Alternative?, 2013; http://www.wwf.de/themen-projekte/meere-kuesten/fischerei/nachhaltige-fischerei/aquakulturen/. Eine ausführliche Kritik der intensiven Fischzucht findet sich in der Zeitschrift tierrechte 75/2 (2016).
173   Vgl. Die Zukunft der Fische - die Fischerei der Zukunft, World Ocean Review 2 (2013), S. 88-97; https://www.thuenen.de/de/fi/arbeitsbereiche/aquakultur/aquakultur-und-umwelt/ (jeweils 19.05.2017) und mündliche Auskunft von Ulfert Focken.

denen die Nahrungsgrundlage entzogen wird. Das zweite Szenario wäre, den Anteil des Fischmehls im Futter zu verringern, ohne dass die Fischzucht vermindert wird. Leidtragende wären die Zuchtfische, die mangelhaft angepasstes Futter fressen müssten. Mangelhaftes Futter führt zu mehr Wasserverschmutzung, mehr Antibiotika-Einsatz und einer geringeren Wirtschaftlichkeit. Das dritte Szenario wäre eine deutliche Reduzierung der Fischzucht. Diese würde zwar den Fischen entgegen kommen, jedoch den Menschen in Staaten wie Ägypten, Indien, Vietnam oder den Philippinen eine ausreichende Aufnahme von wertvollen tierischen Proteinen vorenthalten. In wohlhabenden Staaten wie Deutschland mag die Aufnahme tierischer Proteine über Fleisch und Fisch zu hoch sein, in den genannten Staaten sieht die Ernährungssituation anders aus. Hier stellt sich die grundsätzliche Frage: Welche Ernährung ist empfehlenswert und welche gesundheitlichen, sozialen und ökologischen Auswirkungen bringt sie mit sich?

Alternativmethoden im WWW

SET

http://www.stiftung-set.de/

Auf Initiative der Bundesregierung wurde 1986 die „Stiftung zur Förderung der Erforschung von Ersatz- und Ergänzungsmethoden zur Einschränkung von Tierversuchen" (set) gegründet; beteiligt sind Industrie, Tierschutz, Wissenschaft und Behörden. Zentrales Anliegen der Stiftung: Tierversuche einschränken und ersetzen.

ZEBET

http://www.bfr.bund.de/de/deutsches_zentrum_zum_schutz_von_ versuchstieren.html

ZEBET ist die „Zentralstelle zur Erfassung und Bewertung von Ersatz- und Ergänzungsmethoden zum Tierversuch" am Bundesinstitut für Risikobewertung (BfR). Sie wurde 1989 mit dem Ziel gegründet, den Einsatz von Tieren zu wissenschaftlichen Zwecken auf das unerlässliche Maß zu beschränken und Alternativen zum Tierversuch zu entwickeln. Die ZEBET wird dabei seit 1994 durch eine Kommission beraten, die aus Vertretern aus Wissenschaft, Industrie, Tierschutzorganisationen und Länderbehörden besteht.

InVitro+Jobs

http://www.invitrojobs.com/index.php/de/

Viele Wissenschaftlerinnen und Wissenschaftler haben ein ausgeprägtes Interesse an tierversuchsfreier Forschung, stehen aber vor einem Problem: Informationen über Arbeitsgruppen, die mit tierversuchsfreien Verfahren arbeiten, sind nur schwer zu finden. Das Ziel von InVitro+Jobs ist, solchen Wissenschaftlern den Zugang zu diesem Forschungszweig zu erleichtern. Neben einer Jobbörse wird eine regelmäßig aktualisierte Liste von Arbeitsgruppen geboten, die tierversuchsfreie Methoden einsetzen oder an der Entwicklung tierversuchsfreier Verfahren arbeiten. InVitro+Jobs ist ein Projekt von Menschen für Tierrechte - Bundesverband der Tierversuchsgegner e.V.

CAAT

https://cms.uni-konstanz.de/leist/caat-europe/

Das Center für Alternativen zum Tierversuch (Center for Alternatives to Animal Testing; CAAT) koordiniert die Forschungen auf dem Gebiet der Tierversuchsersatzverfahren in den Giftigkeitsprüfungen. Es bündelt internationale Forscherteams, bringt sie zusammen, um gemeinsame Forschungsziele zu entwickeln und treibt so die Forschung gezielt voran. In Symposien, Workshops und Informationstagen werden Foren geschaffen, in denen alle beteiligten Gruppierungen aus Industrie, universitärer Forschung, Behörden und Tierschutz eingeladen sind, sich einzubringen. Um die Forschung besser zu koordinieren, wurde 2009 CAAT-Europe mit Sitz an der Universität Konstanz nach dem Vorbild des Centers CAAT in Baltimore, USA, gegründet.

EPAA

http://ec.europa.eu/growth/sectors/chemicals/epaa_de

Die Europäische Partnerschaft für die Förderung von Alternativkonzepten zu Tierversuchen (European Partnership for Alternative Approaches to Animal Testing; EPAA) wurde 2005 als Forum für eine freiwillige Kooperation zwischen der Europäischen Kommission, den europäischen Handelsverbänden und derzeit 36 Unternehmen aus sieben Branchen gegründet. Sie hat sich zum Ziel gesetzt, mit einer besseren und verstärkt vorausschauenden

Wissenschaft die für regulatorische Zwecke benötigten Tierversuche zu ersetzen, zu verringern und zu verbessern. Die EPAA arbeitet daran, wissenschaftliche Lücken zu ermitteln und die gesetzliche Anerkennung alternativer Verfahren zu erleichtern.

NC3Rs

https://www.nc3rs.org.uk/

Das NC3Rs ist die nationale Organisation des Vereinigten Königreichs, die an führender Stelle die Entdeckung und Anwendung von neuen Technologien und Ansätzen vorantreibt, um wissenschaftliche Tierversuche zu ersetzen, zu verringern und zu verbessern. Die Webpräsenz bietet Informationen, die auch über die Landesgrenzen hinaus relevant sind.

Blick ins Ausland

Einsatz für Lehrmethoden ohne Tierleid in Osteuropa

In Deutschland setzen sich in den Fächern Tiermedizin, Medizin und Biologie Lehrmethoden, die ohne Tierversuche auskommen, nur langsam durch. Eine größere Offenheit für solche Lehrmethoden sehen die Ärzte gegen Tierversuche e. V. in Osteuropa, wo sie verschiedene Projekte durchführen.

Überzeugungsarbeit in Usbekistan und Kirgisien

2012 reisten Dimitrij Leporskij, Partner von Ärzte gegen Tierversuche e. V. bei deren erfolgreichen Ukraine-Projekten, und Nick Jukes, Koordinator des internationalen Netzwerkes für humane Ausbildung InterNICHE, fünf Wochen lang durch die beiden zentralasiatischen Länder Usbekistan und Kirgisien. Im Gepäck hatten sie 130 Kilogramm Vorführmaterial wie Computersoftware, DVDs und Modelle. Dabei hatten Sie ein klares Ziel im Blick: Universitätsprofessor/innen sowie deren Mitarbeiter/innen sollten von den Möglichkeiten tierversuchsfreier Lehre überzeugt werden. Bisher waren teils grausame Tierversuche Gang und Gäbe - das sollte sich nun ändern.

Acht Universitäten besuchten Leporskij und Jukes auf ihrer Reise und überall stießen sie auf großes Interesse. Nun galt es, die Voraussetzungen für tierversuchsfreie Lehrmethoden zu schaffen.

Ausreichende Ausstattung als Voraussetzung für Lehre ohne Tierleid

In den Universitäten von Usbekistan fanden Leporskij und Jukes eine recht gute und moderne Ausstattung mit Hardware vor. So besaß die Agrarwissenschaftliche Universität in der usbekischen

Hauptstadt Taschkent ein nagelneues und hochmodernes Kommunikationszentrum inklusive eines Computersaals mit 100 Computern. Veranstaltungen konnten mittels Konferenzschaltung an Universitäten im ganzen Land übertragen werden. Perfekte Voraussetzungen für einen Umstieg auf eine tierfreundliche Lehre. Anders als an den oft ärmlich ausgestatteten Universitäten in der Ukraine, brauchte hier also keine Hardware gesponsert zu werden. Nur die entsprechende Software mussten die Ärzte gegen Tierversuche e. V. und InterNICHE bereitstellen.

In Kirgisien waren die Universitäten aufgrund der schlechten wirtschaftlichen Lage des Landes bei weitem nicht so gut ausgestattet wie in Usbekistan. An der Staatlich-Kirgisischen Medizinischen Akhunbaev-Akademie in der kirgisischen Hauptstadt Bischkek verzichtete man aus finanziellen Gründen auf einen Teil der sonst üblichen Tierversuche und setzte stattdessen digitalisierte alte Lehrfilme aus der Sowjetzeit ein. Die kirgisischen Universitäten waren recht gut mit Modellen ausgestattet. Dabei profitierte die Akademie von einem jahrelangen Aufenthalt des „Plastinators" und Machers der weltberühmten Körperwelten-Ausstellung, Gunther von Hagens. 1996 hatte von Hagens am Anatomischen Institut der Akademie ein Plastinationszentrum gegründet und 1999 war er zum Ehrenprofessor ernannt worden. Nach seinem dortigen Wirken hatte er einen Fundus mit plastinierten Exponaten hinterlassen - ideal für eine medizinische Hochschule.

Die Reise diente insbesondere der Vorstellung von Lehrmaterialien, die Tierversuche ersetzen sollten. Insbesondere Computerprogramme, Lehrfilme und Tiermodelle wurden vorgestellt. Besonders beliebt war der Modellhund Jerry, an dem Herz- und Lungenerkrankungen nachgeahmt oder Maßnahmen bei Notfallsituationen trainiert werden können. Infolge der geknüpften Kontakte schloss man mit Hochschullehrer/innen Verträge , wie es die Ärzte gegen Tierversuche e. V. seit 2008 in der Ukraine praktizieren. Die Institutsleiter/innen verpflichteten sich dann, alle Tierversuche in der studentischen Ausbildung einzustellen und erhielten im Gegenzug die erforderlichen Lehrmittel. Ergänzt werden die Materialien durch die Möglichkeit, das internationale Leihsystem für Lehrmaterial von InterNICHE zu nutzen.

2014 reiste Leporskij - diesmal allein - erneut nach Usbekistan und Kirgisien, um die vorhandenen Kontakte aufzufrischen, an weiteren Universitäten Lehrmaterialien vorzuführen und die Einhaltung der geschlossenen Verträge zu kontrollieren. Auch diesmal stieß er auf offene Ohren und er konnte auch neue Verträge schließen. Allerdings bedurfte es manchmal einiger Mühe: So hatten sich in der Medizinischen Hochschule in Osch die Hochschullehrer/innen seit dem letzten Besuch nicht zu einer Entscheidung durchringen können, obwohl ihnen von Hagens nach seinem Aufenthalt in Kirgisien eine beachtliche Sammlung anatomischer Plastinate hinterlassen hatte. Ein Grund für die ausbleibende Entscheidung mag gewesen sein, dass die Menschen in dem Land andere Prioritäten als ein Studium ohne Tierversuche hatten. Nach Leporskijs erneuter Präsentation wurde der Vertrag dann aber doch unterzeichnet.

Verträge in fünf Ländern

Seit 2008 haben die Ärzte gegen Tierversuche e. V. in Zusammenarbeit mit InterNICHE Verträge mit 55 Instituten in 22 Städten in der Ukraine, Kirgisien, Usbekistan, Weißrussland und Russland geschlossen. Die Institute verzichteten damit auf Tierversuche. Um den Unterricht entsprechend gestalten zu können, wurden sie mit Filmen und Computerprogrammen ausgestattet, gerade in ärmeren Ländern auch mit Hardware in Form von Laptops und Beamern. Bereits über 38000 Wirbeltiere wie Ratten, Frösche, Kaninchen und auch Hunde und Katzen sowie über 15000 Wirbellose wie Insekten und Krebse pro Jahr seien durch die Osteuropa-Projekte nicht mehr getötet werden. Verträge mit weiteren Instituten sind geplant.

Lehrmittel in der Landessprache

Ausländisches Lehrmaterial ist mit hohen Kosten und Sprachbarrieren verbunden und zudem nicht vollständig an die einheimischen Lehrpläne angepasst. Daher ist ein wesentlicher Bestandteil der Osteuropa-Projekte die Herstellung von Lehrmitteln in der jeweiligen Landessprache. Diese vermögen die

Akzeptanz der Lehrmittel unter den Hochschullehrerinnen und -lehrern zu fördern.

In der damaligen Sowjetunion existierte eine große Anzahl von Videofilmen mit Aufzeichnungen von Tierversuchen. Diese „Nauchfilm" - zu Deutsch: Wissenschaftsfilm - genannten Filme wurden an sowjetischen Hochschulen frei verbreitet. Durch den technischen Fortschritt und dem Übergang auf digitale Informationsträger ist ein Großteil der Filmsammlungen in den Universitäten in Vergessenheit geraten. Diese Filme müssen wiederaufbereitet und digitalisiert werden. Darüber hinaus werden neue Lehrmittel erstellt und bereits vorhandene übersetzt bzw. synchronisiert.[174]

Was sind Plastinate?

Der Mensch besteht zu etwa 70 Prozent aus Wasser. Es ist für das Leben, aber gleichermaßen auch für die Verwesung unverzichtbar. Das Gewebswasser wird bei der Plastination in einem speziellen Vakuumverfahren durch sog. Reaktionskunststoffe wie Silikonkautschuk, Epoxidharz oder Polyesterharz ersetzt. Die Körperzellen und das natürliche Oberflächenrelief bleiben dabei bis in den mikroskopischen Bereich hinein identisch mit ihrem Zustand vor der Konservierung. Die Präparate sind trocken und geruchsfrei und damit im wahrsten Sinne des Wortes „begreifbar".[175]

---

174 Vgl. https://www.aerzte-gegen-tierversuche.de/de/projekte/osteuropa-projekte, http://www.ukraine-projekt.de/index.html, http://www.plastinarium.de/de/gunther_von_hagens/lebenslauf_wissenschaftler.html (jeweils 04.01.2017). In diesem Artikel schließt aus Gründen der Vereinfachung der Begriff „Tierversuch" auch den Tierverbrauch ein. Während Tierversuche am lebenden Tier durchgeführt werden, werden beim Tierverbrauch Tiere verwendet, die eigens zu Studienzwecken getötet werden.
175 Vgl. Prof. Gunther von Hagens' Körperwelten: die Faszination des Echten, Katalog der Ausstellung, hrsg. vom Institut für Plastination, Heidelberg, 10. Aufl. 2000, S. 22.

Fazit

Wie man sich gegenüber Tierversuchen positioniert, hängt in hohem Maße von der Einstellung zum Tier ab. Die Bandbreite reicht vom „heiligen Tier" über die Gleichstellung der Würde des Tieres mit derjenigen des Menschen bis hin zur Unterordnung des Tieres unter den Menschen. Letztere kann von Fürsorge und Tierschutz bestimmt sein, aber auch von reinem Nutzdenken oder gar Willkür. Wer (bestimmte) Tiere als heilig ansieht, tritt ihnen mit am meisten Respekt gegenüber und dürfte infolgedessen Tierversuche am stärksten ablehnen. Wer die Tiere dem Menschen unterordnet und sich im Umgang mit ihnen von reinem Nutzdenken oder gar Willkür leiten lässt, befindet sich am anderen Ende der Skala: Er sieht Tiere wie eine Sache an und dürfte daher Tierversuche am wenigsten problematisieren.

Tierversuche gründen gewöhnlich auf naturwissenschaftlichem Forschergeist, bei dem die vorrangig genannten Ziele Erkenntnisgewinn und das Wohl des Menschen sind. Ohne ihn hätte es beispielsweise manche medizinische Errungenschaft – hier seien konkret die Impfungen genannt - nicht gegeben. Der naturwissenschaftliche Forschergeist kann dem Tier gegenüber verantwortungsbewusst vorgehen, läuft aber auch Gefahr, das Tier für den Erkenntnisgewinn und das Wohl des Menschen zu quälen. Hier sind gesetzliche Bestimmungen bis hin zu Verboten angebracht. Willkür und Tierqual können sich aus religiös-moralischer Sicht nicht auf die Bibel berufen. Diese spricht zwar davon, dass der Mensch über die Tiere herrschen solle, meint damit aber keine Willkür- oder Gewaltherrschaft. Vielmehr geht es um die Nutzung der Tiere, denen dabei im Sinne guter Königsherrschaft in einem gewissen Maße Fürsorge und Schutz zuteil werden sollen. Auch wenn nach biblischer Vorstellung das Tier dem Menschen untergeordnet ist, ist es doch wie der Mensch Geschöpf Gottes.

Inwiefern Tierversuche durch tierversuchsfreie alternative Methoden ersetzt werden können, hängt von dem jeweiligen Bereich ab, in dem die Tierversuche eingesetzt werden. In der Lehre ist ein vollständiger Ersatz ebenso möglich wie im Bereich der Kosmetika. Kosmetika sind gewöhnlich keine unbedingt notwendigen Produkte, weshalb hier dem Tierwohl Vorrang gegeben werden kann. Tatsächlich hat man ja hier bereits ein vollständiges Verbot ausgesprochen, ohne dass schon alle notwendigen tierversuchsfreien Ersatzmethoden zur Verfügung gestanden hätten. Bei Chemikalien und Medikamenten ist ein Ersatz von Tierversuchen schwieriger zu bewerten. Natürlich muss auch bei Chemikalien und Medikamenten geprüft werden, ob sie wirklich notwendig sind. Manche Chemikalien und Medikamente werden nämlich nur in der Hoffnung auf möglichst großen finanziellen Gewinn auf den Markt gebracht, zum Schaden der Tiere und auch der Menschen. Bevor eine Chemikalie oder ein Medikament auf den Markt kommen kann, sind umfangreiche Giftigkeitstests erforderlich, die Tierversuche einschließen. Weil die Untersuchungen komplex sind und keinesfalls in allen Bereichen anerkannte Ersatzmethoden vorhanden sind, ist ein vollständiger Ersatz von Tierversuchen derzeit nicht möglich. Ein grundsätzliches Verbot wäre mit Einschränkungen im Gesundheitsschutz und bei der Bekämpfung von Krankheiten verbunden.

Die Anerkennungsverfahren für tierversuchsfreie Ersatzmethoden sind derzeit zu langwierig. Zudem wird mit zweierlei Maß gemessen, indem die Tierversuche als Grundlage für die Prüfung der Zuverlässigkeit der tierversuchsfreien Ersatzmethoden genommen werden, ohne dass diese selbst einem derart aufwändigen Zulassungsverfahren unterzogen waren.

Nicht alle Tierversuche sind für die Tiere mit großem Leid verbunden. Manche können sogar Tierleid vermeiden, wie die Fischversuche, um die Fischbestände zu schützen und die Welternährung zu sichern. Auch Tierversuche im Bereich der Tiermedizin können dazu beitragen, Tierleid zu vermeiden. Um Tierversuche zu bewerten, stellen sich folgende Fragen: wie groß ist das beim Versuch verursachte Tierleid und welches Leid lässt sich dadurch aber an anderer Stelle vermeiden? Und letztlich: Was ist der gesamte Nutzen für Mensch und Tier?

Trotz eines neutralen Blicks auf Tierversuche sollte jedoch mittels des 3R-Prinzips konsequent darauf hin gearbeitet werden, alternative Verfahren zu erarbeiten, sodass zumindest mittelfristig alle Versuche, die für die Tiere mit erheblichem Leid verbunden sind, verboten werden können. Auch Verbraucher/innen können durch ein bewussteres Konsumverhalten hin zu tierfreundlichen Produkten und einem gesünderen Lebensstil dazu betragen, die Zahl der Tierversuche zu verringern.

Aus Parteien und Verbänden

Programmaussagen von Parteien und Verbänden zu Tierversuchen

Nahezu alle Programme von Parteien und Tierschutzorganisation fordern eine verstärkte Entwicklung von Alternativmethoden. Deutliche Unterschiede finden sich erst bei der Frage, wann Tierversuche ersetzt werden könnten und in welchem Maße dies überhaupt geschehen soll. Die Parteien und Verbände gewichten Forschungsfreiheit und Tierschutz unterschiedlich. Parteien und Verbände, die den Tierschutz höher gewichten, pochen tendenziell stärker auf eine strukrurierte und konsequente Entwicklung von Alternativmethoden.

Parteien in alphabetischer Reihenfolge

Alternative für Deutschland (AfD)

Tierversuche spielen in den Programmen der AFD kaum eine Rolle. Im Grundsatzprogramm heißt es: „Die AfD setzt sich für eine konsequente Umsetzung der Tierschutzgesetze ein. Tiere sind Mitgeschöpfe und keine Sachgegenstände. Ausnahmen für grausame oder unnötige Tierversuche darf es auch nicht in der Wissenschaft geben."[176] Das deutsche Tierschutzgesetz verbietet zwar „unnötige", aber nicht grundsätzlich „grausame" Tierversuche. Insofern ist unklar, welche „Ausnahmen" diesbezüglich die AFD unterbinden will. In ihrem Programm zur Bundestagswahl 2017 geht die Partei nicht auf Tierversuche ein.

---

176 https://www.afd.de/wp-content/uploads/sites/111/2017/01/2016-06-27_afd-grundsatzprogramm_web-version.pdf (19.05.2017).

BÜNDNIS 90 / DIE GRÜNEN

Im Grundsatzprogramm von BÜNDNIS 90 / DIE GRÜNEN ist die Überwindung der Tierversuche und ihr Ersatz durch alternative Methoden festgeschrieben. Im Programm zur Bundestagswahl 2017 heißt es: „[...] wollen wir das Tierschutzrecht stärken und Alternativen zu Tierversuchen, wie zum Beispiel Organchips, bei denen der menschliche Organismus im Kleinstmaßstab simuliert wird, zügig voranbringen. Auch an Hochschulen wollen wir tierversuchsfreie Verfahren stärken, das Wissen in die Lehre überführen und Studierenden die Möglichkeit geben, ohne Tierversuche durch das Studium zu kommen." Das (schrittweise) Verbot von Tierversuchen wird nicht ausdrücklich gefordert, ist jedoch aus dem Ersatz durch alternative Methoden zu schlussfolgern.[177]

Christlich Demokratische Union Deutschlands (CDU) / Christlich-Soziale Union in Bayern e. V. (CSU)

Die CDU sieht Tiere als „Teil der Schöpfung" und begründet so ihren Willen zum Tierschutz. Im Grundsatzprogramm der CDU heißt es: „Tierversuche sollen soweit möglich reduziert und durch alternative Methoden ersetzt werden." Im Regierungsprogramm 2013-2017 wird weiter ausgeführt: „Tiere sind für uns Mitgeschöpfe, deshalb werden wir unsere weltweit vorbildliche Forschung zur Entwicklung von Alternativen zu Tierversuchen fortsetzen. Neben besten Forschungsbedingungen wollen wir auch gute geistes- und sozialwissenschaftliche Begleitforschung unterstützen, um den verantwortungsbewussten Umgang mit der Forschung und ihrer Ergebnisse zu stärken." Die CDU sieht also keine Notwendigkeit, die Forschung zur Entwicklung von Alternativen zu verbessern, sondern sieht diese bereits als vorbildlich an. Im Hinblick auf die Abwägung von Forschungsfreiheit und Tierschutz gilt für die

---

177   Grundsatzprogramm: http://www.gruene.de/fileadmin/user_upload/Dokumente/Grundsatzprogramm-2002.pdf; Programm zur Bundestagswahl 2017: https://www.gruene.de/fileadmin/user_upload/Dokumente/BDK_2017_1_Berlin/Wahlprogramm_BTW2017_Wir_sorgen_fuer_gesunde_Lebensmittel.pdf (jeweils 27.06.2017).

CDU der Grundsatz: „Freiheit der Forschung heißt: Freiheit in Verantwortung für ethische Grenzen."[178] Im Regierungsprogramm 2017-2021 werden Tierversuche nicht thematisiert.

DIE LINKE

DIE LINKE fordert in ihrem Wahlprogramm zur Bundestagswahl 2017, Tierversuche durch Alternativmethoden zu ersetzen. Zur Bundestagswahl 2013 spricht sie auf ihrer Webpräsenz unter dem Stichwort „Tierschutz" davon, dass man den Blickwinkel ändern müsse: „Tierversuche müssen im Grundsatz verboten und nur in Ausnahmefällen genehmigt werden. Alternative Testmethoden sind nachdrücklicher zu erforschen." Das lässt darauf schließen, dass Verbote von Tierversuchen und die Erforschung von alternativen Testmethoden nach den Vorstellungen der Partei Hand in Hand gehen müssen.[179]

Freie Demokratische Partei (FDP)

Die FDP thematisiert Tierversuche in ihren Programmen nur am Rande. Im Bürgerprogramm zur Bundestagswahl 2013 heißt es dazu: „Außerdem unterstützen wir die Verringerung der Anzahl von Tierversuchen durch den verstärkten Einsatz alternativer Methoden. Da erfolgreicher Tierschutz nur auf europäischer Ebene verwirklicht werden kann, fordern wir eine engagiertere Politik der EU in diesem Bereich."[180] Dass sich die FDP nur sehr allgemein äußert, hat in hohem Maße mit ihrem liberalen Selbstverständnis

---

178 Grundsatzprogramm: https://www.cdu.de/system/tdf/media/dokumente/071203-beschluss-grundsatzprogramm-6-navigierbar.pdf?file=1; Regierungsprogramm 2013-2017 (für CDU und CSU gleichermaßen gültig): https://www.cdu.de/sites/default/files/media/dokumente/regierungsprogramm-2013-2017-langfassung-20130911.pdf (jeweils 19.05.2017).
179 https://www.die-linke.de/fileadmin/download/wahlen2017/wahlprogramm2017/wahlprogramm2017.pdf (27.06.2017).
Vom Paradigmenwechsel ist in https://www.die-linke.de/die-linke/wahlen/archiv/archiv-bundestagswahl-2013/positionen/stichworte-von-a-bis-z/p-t/tierschutz/ die Rede (19.05.2017).
180 https://www.fdp.de/sites/default/files/uploads/2016/01/28/brgerprogramma5online2013-07-23.pdf (19.05.2017).

zu tun: Der Staat solle den Markt nicht zu stark regulieren und die Forschung nicht zu stark einengen. Die Forschung und Wissenschaft seien nicht nur Grundlage für Innovationen, Fortschritt und wirtschaftliches Wachstum, sondern seien als Errungenschaften der Aufklärung ein Wert an sich und Teil unseres kulturellen Erbes. Im Programm der FDP zur Bundestagswahl 2017 finden sich keine Aussagen zu Tierversuchen.

Liberal-Konservative Reformer (LKR)

Im Programm der Liberal-Konservativen Reformer (LKR) heißt es unter der Überschrift „Tierversuche reduzieren": „Ergebnisse von Tierversuchen können niemals vollständig auf den Menschen übertragen werden, sie können aber dazu beitragen, Gefahren frühzeitig zu erkennen und neue Therapien zu entwickeln. Forschung und das Entwickeln von lebensrettenden Medikamenten sind wichtig, aber diese Ziele sind kein Freibrief für beliebige Tierversuche, die erhebliches Leiden bei unseren Mitgeschöpfen verursachen. Die liberal-konservativen Reformer wollen durch weitere Forschung deshalb die Zahl der Tierversuche soweit wie möglich reduzieren. Eine noch strengere Reglementierung der Tierversuche würde den Wissenschaftsstandort Deutschland weiter schwächen. Die bisherigen Hürden der Gesetze zu Tierversuchen sind bereits sehr hoch, um unnötige und ‚beliebige' Tierversuche zu verhindern."[181] Die LKR bringen besonders stark das Spannungsfeld von Tierschutz und Wissenschafts- und Forschungsfreiheit unter Berücksichtigung des Gesundheitsschutzes zum Ausdruck. Dabei fallen die Betonung von Forschung und Wissenschaft auf, die die LKR fördern wollen: Forschung und Wissenschaft liegen der Durchführung von Tierversuchen zugrunde, sollen aber auch dazu beitragen, die Zahl der Tierversuche zu verringern. Und schließlich gilt es, den Wissenschaftsstandort - und damit nach Ansicht der KGR auch den Wirtschaftsstandort - Deutschland zu sichern, indem die gegenwärtige Gesetzeslage im Hinblick auf Tierversuche nicht verschärft wird.

---

[181] http://lkr.de/wp-content/uploads/2015/08/Bundesprogramm_Fassung_20170104_final.pdf (19.05.2017).

Ökologisch-Demokratische Partei (ÖDP)

Die ÖDP fordert in ihrem Bundesprogramm ein Verbot aller physisch oder psychisch quälerischen und leidvollen Experimente an und mit Tieren. Mögliche Voraussetzungen für ein solches Verbot werden im Bundesprogramm zwar nicht genannt, jedoch heißt es im Themenfaltblatt „Aktiv für den Tierschutz!", dass die bereits verfügbaren tierversuchsfreien Forschungsmethoden intensiv gefördert und weitere entwickelt werden sollen. Für Tierversuche sollen keine Steuergelder verwendet werden.[182]

PARTEI MENSCH UMWELT TIERSCHUTZ (Tierschutzpartei / MUT)

Die Tierschutzpartei setzt sich gemäß ihrem Grundsatzprogramm für das ausnahmslose Verbot aller Tierversuche ein, z.B. in der Grundlagenforschung, der Gentechnik, der Medizin, im Studium, in der Toxikologie und Produktentwicklung, in der Rüstungs- und Weltraumforschung, in der Lebensmittel- und Pharmaforschung ebenso wie in der Kosmetik sowie in Abwassertests. EU-weit seien die zahlreichen tierversuchsfreien Methoden – gegen den Widerstand einschlägiger Interessengruppen – endlich anzuwenden. Die geforderte Überprüfung durch das Vergleichen mit Tierversuchs-Resultaten dürfe nur ohne weitere Tierversuche vonstatten gehen. Unter Tierversuchen versteht die Tierschutzpartei Eingriffe an Tieren, die zu Schmerzen, physischen oder psychischen Leiden und Schäden und/oder zum Tod der Versuchstiere führen.[183]

Piratenpartei Deutschland

In ihrem Wahlprogramm zur Bundestagswahl 2017 äußert sich die Piratenpartei Deutschland recht detailliert zu Tierversuchen: „Tierversuche sollen, insbesondere wenn tierversuchsfreie alternative Verfahren vorhanden sind, für pharmazeutische

---

182 https://www.oedp.de/fileadmin/user_upload/bundesverband/programm/programme/BundespolitischesProgramm2017.pdf
183 https://www.tierschutzpartei.de/partei/grundsatzprogramm/#Verbots%C3%A4mtlicherTierversuche (19.05.2017).

Stofftests und andere qualvolle Experimente nicht mehr verpflichtend sein. Um einen Rückgang von Tierversuchen zugunsten von Forschungen an alternativen Methoden bewirken zu können, ist es notwendig, Subventionen für Tierversuche zu streichen und sie auf tierversuchsfreie Forschungsmethoden zu verlagern. Gibt es wissenschaftlich erprobte Alternativmethoden für bestimmte Testverfahren, dürfen dafür keine Tierversuche eingesetzt werden. Außerdem soll eine möglichst lückenlose, globale Veröffentlichung aller Ergebnisse erfolgen, um wiederholende Versuche zu vermeiden. Genehmigungen für Tierversuche sind abhängig vom „Schweregrad" unterschiedlich zu genehmigen. Versuche, die großes Leid über langanhaltenden Zeitraum verursachen, sollen erheblich schwieriger zu genehmigen sein als Versuche, die kein oder nur sehr kurzfristig Leid verursachen. Genehmigungsverfahren sollen transparent und nachvollziehbar sein. Im nichtmedizinischen Bereich, wie zum Beispiel für Kosmetik- und Körperpflegeprodukte, lehnen wir Tierversuche ab. Dies gilt auch für Versuche bezüglich einzelner Bestandteile der Produkte. Zur Prüfung der Einhaltung gesetzlicher Regelungen sind unabhängige unangekündigte Kontrollen der Versuchslabore durchzuführen."[184]

Sozialdemokratische Partei Deutschlands (SPD)

Im Regierungsprogramm 2017-2021 nennt die SPD nur allgemein ihr Ziel: Tierversuche müssen weiter reduziert werden. Genauere Aussagen dazu macht das Regierungsprogramm 2013-2017, das ein Bekenntnis zum 3R-Prinzip enthält: „Die Anzahl der Tierversuche wollen wir verringern und uns für die Verbreitung der 3-R-Methoden (zu deutsch: Vermeiden, Verringern, Verbessern) in der Forschung einsetzen. Wir wollen alternative Forschungsmethoden fördern, die ohne oder mit weniger Tieren

---

[184] https://www.piratenpartei.de/files/2017/06/Wahlprogramm-BTW2017.pdf (27.06.2017).

auskommen bzw. weniger schmerzhafte Verfahren beinhalten."[185] Von Verboten ist nicht die Rede.

(In dieser Übersicht sind nur Parteien berücksichtigt, die in ihren Programmtexten Aussagen zu Tierversuchen machen und zugleich eine Mindestgröße bzw. gesellschaftliche Relevanz durch Abgeordnete in Parlamenten vorweisen können.)

Verbände

Allianz der Wissenschaftsorganisationen

Die Allianz der Wissenschaftsorganisationen ist ein Zusammenschluss der bedeutendsten Wissenschafts- und Forschungsorganisationen in Deutschland. Sie nimmt regelmäßig zu Fragen der Wissenschaftspolitik, Forschungsförderung und strukturellen Weiterentwicklung des deutschen Wissenschaftssystems Stellung. Sie hält verantwortungsbewusste Tierversuche für notwendig. Verantwortungsbewusst heiße, stets in Abwägung zwischen dem Schutz und Wohl des Tieres und der Bedeutung wissenschaftlicher Erkenntnis für den Menschen zu handeln. Verantwortungsbewusst handeln heiße aber auch, Alternativ- und Ergänzungsmethoden zu entwickeln und zu nutzen.[186]

Ärzte gegen Tierversuche e. V.

Die Ärzte gegen Tierversuche fordern die Abschaffung aller Tierversuche und verstärkte Förderung der tierversuchsfreien Forschung. Die Erforschung der wirklichen Ursachen unserer Krankheiten durch klinische und epidemiologische Forschung

---

185   https://www.spd.de/fileadmin/Dokumente/Beschluesse/Bundesparteitag/20130415_regierungsprogramm_2013_2017.pdf (19.05.2017); https://www.spd.de/fileadmin/Dokumente/Bundesparteitag_2017/Es_ist_Zeit_fuer_mehr_Gerechtigkeit-Unser_Regierungsprogramm.pdf (27.06.2017).
186   Vgl. https://www.tierversuche-verstehen.de/ueber-uns/ (19.05.2017).

sei zu intensivieren, über präventive Möglichkeiten aufzuklären. Eine auf den Menschen bezogene Medizin solle an die Stelle reiner Symptombehandlung treten und verstärkt erforscht und gefördert werden.[187]

Deutscher Tierschutzbund e. V.

Der Deutsche Tierschutzbund e. V. setzt sich für die tierschutzgerechte Weiterentwicklung von Wissenschaft und Forschung, insbesondere bei der Auffindung von Methoden zum Ersatz von Tierversuchen sowie bei der Grundlagenforschung für Wildtiere und bei artgerechten Tierhaltungen in der Nutz-, Zoo- und Heimtierhaltung ein. In einem eigenen Zellkulturlabor entwickelt er Ersatzmethoden, die ohne Tierversuche auskommen.[188]

Menschen für Tierrechte - Bundesverband der Tierversuchsgegner e. V.

Die Menschen für Tierrechte - Bundesverband der Tierversuchsgegner e. V. fordern eine konsequente Förderung tierversuchsfreier Forschung, die Einrichtung von Lehrstühlen und Professuren für tierversuchsfreie Forschung, die Etablierung eines Studiums ohne Tierverbrauch sowie ein Verbot von Tierversuchen an Affen als erster Schritt auf dem Weg zum Ausstieg aus dem Tierversuch. Es fällt auf, dass die Menschen für Tierrechte - Bundesverband der Tierversuchsgegner e. V. ihren Schwerpunkt auf die Entwicklung und Förderung tierversuchsfreier Alternativmethoden legen und hinsichtlich der Forderung nach Verboten von Tierversuchen schrittweise vorgehen.[189]

---

[187] Vgl. https://www.aerzte-gegen-tierversuche.de/de/ueber-uns/vereinsportrait (19.05.2017).
[188] Vgl. https://www.tierschutzbund.de/fileadmin/user_upload/Downloads/Organisation/Satzung_DTSchB_2015.pdf (19.05.2017).
[189] Vgl. http://www.tierrechte.de/ueber-uns/unsere-ziele (19.05.2017).

Parlamentarische Arbeit

Regierung und Opposition

Wenn wir uns mit der parlamentarischen Arbeit im Bundestag bezüglich der Tierversuche befassen, müssen wir uns vor Augen halten, dass diese nicht nur von den unterschiedlichen Positionen der Parteien, sondern auch von dem Gegensatz zwischen Regierung und Opposition bestimmt wird. In der 18. Bundestags-Periode bilden die CDU/CSU und die SPD die Regierung; BÜNDNIS 90 / DIE GRÜNEN und DIE LINKE die Opposition. Insbesondere die Regierung tritt als Einheit auf und beantwortet als solche Anfragen von Oppositionsparteien. Die Regierungsparteien handeln im Vorfeld der Regierungsbildung einen Koalitionsvertrag als gemeinsame Arbeitsgrundlage aus.

In ihrem Koalitionsvertrag für die Regierungsperiode 2013-2017 haben die CDU/CSU und SPD verankert, dass die Erforschung von Ersatzmethoden zum Tierversuch intensiviert werden und dafür die personelle und finanzielle Ausstattung der Zentralstelle zur Erfassung und Bewertung von Ersatz- und Ergänzungsmethoden zum Tierversuch (ZEBET) gestärkt werden solle."[190]

Bundesregierung: Die Stärkung der ZEBET

Im Rahmen der Weiterentwicklung der eben genannten ZEBET zum Deutschen Zentrum zum Schutz von Versuchstieren (Bf3R) wurden laut Bundesregierung für das Jahr 2015 insgesamt sechs Planstellen im Haushalt zugewiesen. In den Haushaltsvoranschlag für 2016 sind zudem Haushaltsmittel für weitere 20 Stellen eingestellt. Die Personalkosten sollen dem Zentrum zukünftig dauerhaft zur Verfügung stehen. Es wurden folgende fünf Kompetenzbereiche definiert:

---

[190] https://www.cdu.de/sites/default/files/media/dokumente/koalitionsvertrag.pdf (19.05.2017).

1. Zentralstelle zur Erfassung und Bewertung von Ersatz- und Ergänzungsmethoden zum Tierversuch (ZEBET)
2. Verminderung der Belastung und Verbesserung der Lebenssituation
3. Alternativmethoden in der Toxikologie
4. Nationaler Ausschuss
5. Koordinierung der Forschungsförderung für Alternativmethoden

Für diese fünf Kompetenzbereiche stellt das Bundesministerium für Ernährung und Landwirtschaft (BMEL) jährlich Mittel in Höhe von etwa 1,5 Mio. Euro zur Verfügung, zu denen seit 2015 weitere 1,5 Mio. Euro kommen. Im Haushaltsjahr 2015 hat das Zentrum zudem einmalig Mittel in Höhe von 6 Mio. Euro erhalten, die für die gerätetechnische Erstausstattung verwendet wurden. Darüber hinaus werden weitere Sachkosten des Zentrums gedeckt.

Alle 3R (Replace, Reduce, Refine) sind programmatische Schwerpunkte der Arbeit des Zentrums.[191]

BÜNDNIS 90 / DIE GRÜNEN: Fehlerhafte Umsetzung der Tierversuchsrichtlinie und lückenhafte Erfassung von gentechnisch veränderten Versuchstieren

Nachdem mit dem Dritten Gesetz zur Änderung des Tierschutzgesetzes vom 4. Juli 2013 und der Tierschutz-Versuchstierverordnung die EU-Tierversuchsrichtlinie in deutsches Recht umgesetzt worden war, beauftragte die Bundestagsfraktion von BÜNDNIS 90 / DIE GRÜNEN den Richter und Tierschutzjuristen Christoph Maisack.Er sollte ein Gutachten zur Frage erstellen, ob und gegebenenfalls welche Bestimmungen der Tierversuchsrichtlinie durch die Änderung des Tierschutzgesetzes und die Tierschutz-Versuchstierverordnung nicht oder nicht ausreichend in das deutsche Recht umgesetzt worden sind. Auf Grundlage dieses Gutachtens verfassten die

---

191 Vgl. Bundestags-Drucksache 18/6620; Infografik: http://www.bfr.bund.de/cm/343/meilensteine-und-massnahmen-des-bmel-im-umgang-mit-versuchstieren-infografik.pdf (27.06.2017).

Abgeordneten Anton Hofreiter, Nicole Maisch und Kai Gehring am 21. April 2016 einen offenen Brief mit dem Titel „Fehlerhafte Umsetzung der EU-Tierversuchsrichtlinie beheben!" an den Bundesminister für Ernährung und Landwirtschaft, Christian Schmidt. In diesem prangern sie an, dass der Bundesminister zwar im September 2015 sein langfristiges Ziel, Tierversuche komplett zu ersetzen, verkündet, jedoch bisher nicht die erforderlichen Maßnahmen ergriffen habe, um dieses Ziel zu erreichen. Laut den drei Abgeordneten belege das Gutachten von Christoph Maisack massive Fehler bei der Umsetzung der EU-Tierversuchsrichtlinie in deutsches Recht, wobei folgende Punkte als besonders gravierend genannt würden:

1. Die Behörden haben keine Chance zur unabhängigen Kosten-Nutzen-Abwägung.
2. Tierversuche in der Aus-, Fort- und Weiterbildung unterliegen in Deutschland nur der Anzeige-, anstatt der Genehmigungspflicht.
3. Schwerst belastende Tierversuche werden in Deutschland nicht beschränkt.
4. Kontrollerfordernisse werden falsch umgesetzt.

Die drei Abgeordneten erwarten vom Bundesminister eine zügige Änderung des Tierschutzgesetzes und der Tierschutz-Versuchstierverordnung.[192]

Außerdem ist die Fraktion BÜNDNIS 90 / DIE GRÜNEN nicht mit der bisherigen Praxis einverstanden, wonach gentechnisch veränderte Versuchstiere nicht in der Statistik der verwendeten Versuchstiere auftauchen. Dies geschieht, wenn die Gene und die DNA nicht erfolgreich verändert werden oder fehlerhaft sind und die Tiere nicht im eigentlichen Tierversuche verwendet werden können, weil sie nicht mehr lebensfähig oder behindert sind. Dagegen hält die Bundesregierung die gegenwärtige Praxis für richtig. Sie weist bezüglich der Zucht und Verwendung genetisch veränderter Tierlinien von Wirbeltieren und Kopffüßern auf die

---

192 Vgl. https://www.gruene-bundestag.de/fileadmin/media/gruene bundestag_de/themen_az/tierschutz/2016-04-21_Offener_Brief_Tierversuche.pdf (19.05.2017).

Berichtspflicht nach der Versuchstiermeldeverordnung hin. Zudem müssten Einrichtungen, die Versuchstiere halten oder züchten, Aufzeichnungen u. a. über den Verbleib aller Tiere ohne Ausnahmen machen. In diesem Rahmen würden auch Versuchstiere erfasst, die entgegen der ursprünglichen Intention nicht zu Versuchszwecken eingesetzt werden.[193]

DIE LINKE: Tierversuche beenden

Auch die Fraktion DIE LINKE ist mit dem bisherigen Fortgang der Bemühungen um ein Ende der Tierversuche unzufrieden. Zwar betone die Bundesregierung, möglichst viele Tierversuche durch alternative Methoden ersetzen zu wollen; jedoch gebe es bisher weder einen konkreten Zeit- noch einen geeigneten Maßnahmenplan für den Verzicht auf Tierversuche bzw. die Förderung alternativer Methoden. Die derzeitigen Fördermittel und Anreize reichen bei weitem nicht aus, um Maßnahmen im Sinne des 3R-Prinzips voranzutreiben, die als Ziel haben, Tierversuche zu reduzieren oder zu ersetzen.

Daher hat die Fraktion DIE LINKE am 28. März 2017 unter Federführung der Abgeordneten Birgit Menz einen Antrag mit dem Titel „Tierversuche beenden" gestellt. Darin wird die Bundesregierung aufgefordert ein Konzept mit dem langfristigen Ziel zu entwickeln, komplett auf Versuchstiere in der wissenschaftlichen Forschung zu verzichten und gleichzeitig Förderstrukturen für alternative Methoden aufzubauen.. Dieser Antrag ist zunächst zur Behandlung insbesondere im Ausschuss für Ernährung und Landwirtschaft verwiesen worden. Ein Ergebnis liegt zum Zeitpunkt der Drucklegung noch nicht vor.[194]

---

193 Vgl. Bundestags-Drucksache 18/5077.
194 Vgl. Bundestags-Drucksache 18/11724.

Danksagung

Ich danke allen denjenigen, die mit Auskünften zum Gelingen dieses Buches beigetragen haben, insbesondere:

Dr. Luiza Bengtsson,
Dr. Hans Albert Braun,
Prof. Dr. Ulfert Focken
Vera Glaßer
Ao. Univ.-Prof. Gerhard Gstraunthaler
Dr. Christiane Hohensee
Dr. Reyk Horland
Prof. Dr. Marcel Leist
Dr. Peter Loskill
Prof. Dr. Stefan Rotter
Lea Schmitz
Dr. Roman Stilling
Dipl. Biol. Silke Strittmatter
Dipl. Biol. Sibylle Thude
Dr. Claudia Vorbeck.

Gute Argumente

„Tierversuche verbieten?" ist der erste Band der Reihe „Gute Argumente". Jeder Band bietet einen ausführlichen Überblick über die zahlreichen Facetten eines politischen Themas - in verständlicher Sprache, mit Pro und Contra und dem Ziel, dass sich Leser/innen selbst eine Meinung bilden können.

Eryn Verlag

2016 gründete Christian Tischler den unabhängigen Eryn Verlag. Die Schwerpunkte des Programms sind Fantasy, Science Fiction, historische Romane, Jugendliteratur und Sachbücher. Der Eryn Verlag hat sich auf das transmediale Erzählen spezialisiert. Dabei werden Geschichten über verschiedene Medien hinweg erzählt: vom klassischen Buch über Filme, Podcasts, Webseiten, Apps, Computerspielen bis hin zu Aktionen in der realen Welt. Leserinnen und Leser sollen dabei über die für sie passenden Medien in die Geschichten eintauchen können.

Der Name Eryn stammt aus Tolkiens Elbensprache Sindarin und bedeutet Wald. Das Verlagslogo zeigt einen Baum, der oben wie ein Buch geöffnet ist und zu den Seiten in Drachenköpfen ausläuft.

Mehr Informationen finden Sie auf unserer Webseite www.eryn-verlag.de